PARRHESIA

1. Auflage 2024
Deutsche Erstübersetzung

Parrhesia Verlag Berlin
www.parrhesia-verlag.de
ISBN: 978-3-98731-003-4

Titel der Originalausgabe: Δενδρίτες
© 2015, Kallia Papadaki und Polis Edition
This edition is published by arrangement with Kallia Papadaki in
conjunction with their duly appointed agents Marotte et Compagnie
Agence littéraire, France, and Agence Deborah Druba, France.
All rights reserved.

Die Übersetzungen einiger Gedichte Walt Whitmans wurden mit freundlicher
Genehmigung des Carl Hanser Verlags folgender Ausgabe entnommen:
Grasblätter. Übersetzt von Jürgen Brôcan. München: Hanser 2009.
Es handelt sich um: »Beginners«, »Perfections«, »Apparitions«, »By Blue
Ontario's Shore« und (bis auf die letzte Zeile) »Poem of a Few Greatnesses«.
Die übrigen Übersetzungen stammen aus:
Walt Whitmans Werk. Übersetzt von Hans Reisiger. Berlin: S. Fischer 1922.

Übersetzung: Dr. Michaela Prinzinger
Die Übersetzerin dankt dem Deutschen Übersetzerfonds für die Förderung
des vorliegenden Textes im Rahmen des Programms *Neustart Kultur* aus Mit-
teln der Beauftragten der deutschen Bundesregierung für Kultur und Medien.
Eine Übersetzungsprobe wurde unterstützt vom *EUPL* (*European Union
Prize for Literature*).

Umschlag- und Satzgestaltung: Aurel Salzer, Katharina Wicht
Korrektorat: Zviad Gamsachurdia
Druck: Cieszyn, Polen, www.arkadruk.pl

Dendriten

Kallia Papadaki

aus dem Griechischen von
Michaela Prinzinger

Für meine Eltern
Antigoni und Manolis

Vorbemerkung

Die Stadt Camden liegt in New Jersey, gegenüber von Phila-delphia, getrennt durch den Fluss Delaware und verbunden durch zwei Brücken, benannt nach Benjamin Franklin und Walt Whitman. Durch große Industriebetriebe, die zahlreiche Jobs boten, wurde sie zum Schmelztiegel mehrerer Einwanderer-generationen. Nach dem Zweiten Weltkrieg änderte sich die Lage. Die Industrie wanderte in den amerikanischen Westen oder nach Mexiko ab, die Arbeitsplätze verschwanden und eine neue Einwanderungswelle von Puerto-Ricanern und Afroamerikanern, die auf der Suche nach einem besseren Leben waren, erreichte die Stadt. Im September 1949 tötete der Kriegsveteran Howard Unruh in East Camden innerhalb von zwölf Minuten dreizehn Menschen. Er gilt als erster Massenmörder in der Geschichte der Vereinigten Staaten. In den Folgejahren wurden drei Bürgermeister wegen Korrup-tion vor Gericht gestellt und zu Gefängnisstrafen verurteilt. 2012 hatte die Stadt die höchste Kriminalitätsrate der USA. Noch heute lebt vierzig Prozent der Bevölkerung unter der Armutsgrenze. Diese Tatsachen sind verbürgt. Ansonsten ist jede Ähnlichkeit mit realen Personen, Namen und Umständen rein zufällig.

»... alle Zeit bereits abgelaufen und unser Leben nur der nach-
dämmernde Widerschein eines unwiederbringlichen Vorgangs ...«

W. G. Sebald
über »Tlön, Uqbar, Orbis Tertius« von Jorge Luis Borges

I

Der Herbstwind riss
das Telegramm und noch viel mehr
aus Mutters Hand

Nick Virgilio

Minnie flicht ihre beiden abgeschnittenen Zöpfe auseinander und bindet das Haar zu einem asymmetrischen Pferdeschwanz. Zwei Tränen rollen ihr über die geröteten Wangen, die sie mit dem Ärmel rasch fortwischt, damit niemand etwas merkt, und ein kratziger, aus Jammer gestrickter Kloß steckt in ihrem Hals. Bei ihr läuft alles schief, die Schule ist blöd, ihre Mitschüler sind Idioten, ihr Bruder ist ein kleiner Gewaltherrscher, der ihr das Taschengeld klaut und, als sie ihm heute zu widersprechen wagte, die Schere packte und ihren linken Zopf halbierte. Und damit nicht genug, drohte er ihr auch noch, wenn sie es ihrer Mutter verrate, würde es sie teuer zu stehen kommen, und Minnie, die genau wusste, dass er Drohungen nicht nur so dahinsagte, nahm die Schere, stellte sich vor den Spiegel der Schultoilette und schnitt sich auch den rechten Zopf ab, sodass er gleich lang war wie der linke. Ihre Mutter war ja nicht blöd, sie würde nachhaken, wissen wollen, was los war, und was sollte sie ihr dann sagen? Eine dritte Träne löst sich, doch Minnie kämpft das Schluchzen nieder.

Bevor sie das Ganze richtig verdaut hat, taucht – im sanften und blassen Oktobergegenlicht schwer zu erkennen – ein blondes Mädchen vor ihr auf, fast einen Kopf größer als sie. »Hast du ne Zigarette?«, fragt sie und blickt ihr forschend in die Augen. Minnie zieht den Kopf ein, denn sie raucht nicht, und das einzige Mal, dass sie eine Zigarette zwischen die Lippen geschoben hat und so tat, als würde sie den Rauch einsaugen, verpasste ihr die Mutter eine solche Ohrfeige, dass ihre Finger ein knallrotes Mal zwischen Mund und Ohr hinterließen, immer noch kann sie das Brennen und das Salz der aufsteigenden Tränen spüren. Als die Erinnerung das verblasste Gefühl wieder an die Oberfläche spült, atmet sie scharf und tief ein, um den Aufruhr zu besänftigen, der in ihr brodelt, sonst kommt alles wieder hoch. »Ach, vergiss es einfach«, murmelt das blonde Mädchen und setzt sich neben sie, die Arme über der Schulschürze verschränkt und die Beine auf dem warmen Zement ausgestreckt, und ihre prüfenden Blicke wandern umher. Als sie eine Tafel weicher Schokolade aus der hinteren Hosentasche zieht und ein Stück in den Mund schiebt, macht sie sich die Hände schmutzig, die sie an ihrer verblichenen Jeans sauber wischt. Ihre Zähne bekommen dieselbe weizengoldene Farbe wie ihre sonnengebräunte Haut. »Magst du?«, murmelt sie und streckt ihr die Schokolade hin. Zögerlich bricht Minnie ein kleines Stück ab und lässt es vorsichtig im Mund schmelzen, wie um herauszufinden, ob sie sich tatsächlich traut, eigentlich ekelt sie sich schnell, aber sie tut es trotzdem, sie wagt es, einen Augenblick lang hält sie den Atem an und schluckt das Stück kurz entschlossen mit zusammengepressten Lippen hinunter, Mikroben überleben ja ohne Sauerstoff nicht, oder doch?

»Du heißt Leto, nicht wahr?«, fragt Minnie stockend, da sie selbst auch am liebsten in Ruhe gelassen werden möchte, es ist kein guter Moment für Fragen oder Antworten. Jetzt, nach anderthalb Monaten an der neuen Schule, hat sie höchstens fünf Sätze gesagt, alles kommt darauf an, dass du den richtigen Eindruck machst, was für Klamotten du trägst, wo du wohnst und wohin du in Urlaub fährst, und Minnie weiß, dass sie auf die schweigenden aber beharrlichen Fragen der anderen immer nur die falschen Antworten geben kann. Als das dunkelblonde Mädchen mit den wilden Sommersprossen auf den Wangenknochen die Augenbrauen zusammenzieht und den Blick auf ihre Sportschuhe senkt, öffnet Minnie voreilig den Mund, aber nur so weit, dass die beiden abgebrochenen Vorderzähne kaum zu sehen sind: »Leto, was ist das eigentlich für ein Name?« Das Mädchen mit den scheckigen Wangen wird böse, stößt Minnie in die Seite, schnellt hoch und marschiert, die Hände in den Hosentaschen vergraben, quer über den Schulhof. Minnie wischt sich die Augen, schnieft, holt tief Luft und tritt mit voller Wucht gegen ein Steinchen, das die ganze Zeit schon vor ihrer Schuhspitze liegt und beinahe selbst danach verlangt, bis zu den zerfledderten Basketballkörben hinübergekickt zu werden.

Der Name des blonden Mädchens ist tatsächlich Leto, das ist nicht weiter schlimm, andere Mitschülerinnen und Mitschüler haben auch ungewöhnliche oder noch seltsamere Namen, die komisch klingen oder schwierig auszusprechen sind. Ihr Name jedoch führt einen dunklen Satelliten im Schlepptau, einen Kometenschweif, den sie seit ihrer Geburt hinter sich herzieht, ein Fußnotensternchen, das an ihrem idiotischen, unpassenden Namen klebt. Wie war die Mutter nur auf die Idee gekommen, die Zahl »68« als zweiten Vornamen hinzuzufügen, der sie ihr Leben lang verfolgen und von allen anderen unterscheiden würde? Auf den standesamtlichen Urkunden und in den Schulregistern lautet ihr offizieller Name »Leto 68 Kambanis-Miller«, und so sehr sie auch mit spielerischer, jugendlicher Sorglosigkeit versucht, sich darüber hinwegzusetzen, gibt es, so wie heute Morgen, immer irgendeinen spöttischen Lehrer, der ihn allen böswillig in Erinnerung ruft und das gehässige Kichern, den Hohn und Spott ihrer Mitschüler provoziert. Sie will nicht hervorstechen, das wollte sie nie, aber im sensiblen Alter von zwölf tut sie das schon durch ihre Größe und die frühreife körperliche Entwicklung. Sie will dazugehören, will Teil einer einheitlichen Gruppe sein, doch das ist von vornherein unmöglich. Wie soll sie im Gewühl der anderen läppischen und langweiligen Vornamen untertauchen, wenn sie auch noch eine lästige Zahl mit sich herumschleppt?

Sie hasst ihre »68« aus tiefstem Herzen, ganz so, wie man alles Verdrängte ewig hasst, sie verspürt einen Widerwillen gegen jedes wichtige, historische Datum, das sich ihr auch nur nähert, es ist kein Zufall, dass der Geschichtsunterricht sie abstößt und sie bewusst oder unbewusst die Jahreszahlen durcheinanderbringt, ständig wirft sie ihrer Mutter vor, sie hätte sie mit einem absonderlichen Namen und mit einem Datum belastet, das sie nie wieder loswerde. Was kümmert es sie, was für ihre Mutter und die Menschheit das Jahr 1968 bedeutete, ihr einziger Fehler war, und selbst daran trug sie nicht allein die Schuld, dass sie am 31. Dezember 1968 kurz vor Mitternacht zur Welt kam und durch ihre verfrühte Ankunft dazu verurteilt war, Susan Miller, ihre Mutter, ständig daran zu erinnern, was sie alles nicht selbst miterleben konnte, da sie Basil Kambanis, ihren Stiefvater, geheiratet hatte und auch noch seine Geschäftspartnerin geworden war. Von den mühsam ersparten Tagelöhnen, die sie miteinander arbeitend und flirtend in der Campbell-Suppenfabrik verdienten, kauften und renovierten sie das »44«, benannt nach dem geheimnisvollen polnischen Heilsbringer in Adam Mickiewicz' Werk »Die Ahnenfeier«, früher ein beliebtes polnisches Restaurant in Cramer Hill, in dem an der

Wand über den Resopaltischen ein ungeschickt gepinseltes Porträt des polnischen Nationaldichters thronte. Damals, in seinem Entstehungsjahr 1940, verkündete es Toleranz und Versöhnung und posaunte vom Ostufer des Delaware die linken Ideale der Demokraten über eine zutiefst konservative Stadt, die dank der ersten und zweiten Generationen republikanisch wählender Einwanderer gewachsen und in friedliche ethnische Viertel zerfallen war. Außer im Schmelztiegel der Fabrik hatten die Bewohner nichts miteinander zu tun, und wenn jemand den Grenzen seines Viertels entfloh und an den Delaware oder in den Nordwesten der Stadt zog, dann deshalb, weil er es geschafft hatte, ein paar Dollar zusammenzukratzen und sich ein Eigenheim zu leisten. Der amerikanische Traum war und blieb eine gemeinsame Chiffre, die die Götter mild stimmte, die Dämonen besänftigte und ihre außereheliche Brut mit Gaben und Bestechungsgeschenken für sich gewann.

Letos Eltern hatten sich in der Campbell-Suppenfabrik kennengelernt, die vierundzwanzigjährige Susan stapelte Konservenbüchsen aufs Fließband, acht Stunden am Tag, sechs Tage die Woche, und der achtundzwanzigjährige Basil war als Schichtleiter verantwortlich für knapp tausend Arbeiter und die Herstellung zweihunderttausend identisch aussehender Konservenbüchsen mit Tomatensuppenkonzentrat. Susan, ehemalige Studentin an der staatlichen University of Ohio, hatte sich ein Jahr vor ihrem Abschluss in Politikwissenschaft und politischer Ökonomie in einen Hippie, der eigentlich Fabrikantensohn war, verliebt, hatte ihr Studium geschmissen und war ihm quer durch die USA bis nach Haight-Ashbury gefolgt. Anderthalb Jahre, so lang währte ihre Liebe, blieben sie zusammen, einen Sommer lang in einer Kommune und zwei milde Winter auf der

Straße, wo sie die Passanten um Liebe und Almosen anbettelten und ihnen dafür Blumen schenkten. Woodstock an der schrecklichen Atlantikküste am anderen Ende des Landes, wo mit den Wintern und den Verpflichtungen nicht zu spaßen ist, und die kleine Leto trieben sie auseinander und nach dem schlammigen Konzert im ersten Herbstregen schlug sich jeder von ihnen allein durch. Scott kehrte in die väterliche Villa zurück und schrieb sich widerwillig in Berkeley ein, wo der Westflügel des Instituts für Zoologie den Namen seines Urgroßvaters Johnson Jr. trug, Susan hingegen, die sich mit ihrem Vater, einem kleinen protestantischen Rentner, überworfen hatte, wollte nicht mehr zurück nach Columbus im verdammten Ohio, auch wenn sich alle auf den Kopf stellten. Sie stieg nach Mitternacht in einen verbeulten Greyhound-Bus und erreichte vor dem Morgengrauen Camden, New Jersey, wo ihr jüngerer Bruder bei RCA Victor arbeitete. Zwei Monate später lernte sie Basil kennen und nach einem halben Jahr heirateten sie standesamtlich, als Leto ganze vierzehn Monate zählte. Selbst sagten sie, ja, verkündeten es lauthals, es sei Liebe auf den ersten Blick gewesen, aber es gab keinen, der ihnen zugehört hätte, bis auf Susans jüngeren Bruder, den das Glück seiner Schwester nicht kümmerte, sondern nur die Tatsache, dass zwei Mäuler weniger zu stopfen waren. Dass Basil Schichtleiter war, hatte nichts zu sagen, es kamen schwere Zeiten auf sie zu, man spürte das Unvermeidliche, als würde der Tod bereits an die Tür des Nachbarn klopfen. Eine gewisse, illusorische Hoffnung hing zwar immer noch in der Luft, an der schnell ansteigenden Zahl leerstehender Häuser und verlassener Fabriken zeigte sich jedoch der Verfall.

Zuerst geriet die New York Shipbuilding Corporation in Schieflage, brach schließlich zusammen und riss zwei-

einhalbtausend Arbeiter mit in den Abgrund. Ohne neue
Aufträge waren die Bilanzen nicht auszugleichen, und was
die Kriegsindustrie in den Jahren voller Unruhen und großer militärischer Auseinandersetzungen eifrig aufgebaut
hatte, brachten die massiven Forderungen nach einer besseren und friedlicheren Welt zum Einsturz. Kaum hatte
Nixon die Macht an sich gerissen, musste auch die RCA
Victor zumachen und ihr Maskottchen Nipper, der musika-
lische Terrier, der das Logo von »His Master's Voice«
zierte, machte sich auf den Weg zu den billigen Arbeits-
kräften nach Mexiko. Die Firmenleitung schob es den
Gewerkschaften in die Schuhe, die einen unbefristeten Streik
ausgerufen hatten und höhere Löhne forderten, und die Gewerkschaften wiederum der Firmenleitung und ihrem über-
mächtigen Gewinnstreben. Ohne Jobs verwaiste die Stadt
von einstmals neunzigtausend Einwohnern, innerhalb einer
einzigen Woche standen fünftausend von ihnen auf der Straße und Mitte der Siebzigerjahre war auch das auf den Namen »Ariadne« umgetaufte Diner mit dem halb verblassten
Mickiewicz an der Wand, mit den fahlen, bemalten Säulen
über dem bunten »Greek Salad« und dem appetitlichen
»Gyros« nicht mehr das, was es gewesen war oder zu sein
versprach. Durch den Verlust der Kaufkraft und durch den
nicht enden wollenden Vietnamkrieg schlitterte die Stadt in
eine Krise, die Leute verloren das Vertrauen, der Zusammenhalt in den Vierteln bröckelte und alle, die es sich in der
bis vor kurzem noch wohlhabenden Stadt leisten konnten,
zogen in die aufstrebenden Vororte. Als Erste gingen die Juden, dann folgten die Italiener zusammen mit den Griechen,
nur Letos Eltern blieben unverändert optimistisch, ja, völlig
unerschütterlich in ihrer Zuversicht. Störrisch wie Maul-

tiere sahen sie zu, wie sich ihr Vermögen in Luft auflöste und ihre Träume sich zerschlugen.

Leto kümmert das alles nicht, in ihren Augen haben sich die Erwachsenen die Suppe selbst eingebrockt, aber deren großsprecherische Entscheidungen belasten auch sie. Sie trägt die Verantwortung der Erwachsenen mit, die behaupten, sie hätten die Vision einer idealen Welt entworfen und Leto in eine Gesellschaft geboren, die sich zum Besseren wandele. Dafür hat sie nur ein Wort: »Bullshit.« Das Einzige, was ihr Spaß macht und einen klaren Sinn ergibt, ist Fußball: die beiden eindeutig definierten Tore auf dem frisch gemähten Rasen, die präzisen Regeln, die das Spiel bestimmen, der Ball, der übers Gras rollt, umkämpft von zweiundzwanzig durchtrainierten Paar Beinen, die Abwehr und das Tackling, besonders das Grätschen, Torschüsse sind nicht ihre Stärke. Daher schluckt sie ihren Kommentar hinunter und auch alles andere, weswegen sie grollt.

Die Mittelschule in East Camden ist für Leto ein notwendiges Übel, das irgendwann enden wird, spätestens dann, wenn sie volljährig ist. Ihr ganzes Leid und die Probleme mit ihrem unglückseligen Namen, davon ist sie überzeugt, sind der freudlosen, verletzlichen Pubertät geschuldet samt ihren Begleiterscheinungen: der blonde, störende Flaum auf Schenkeln und Schienbeinen, der enganliegende Büstenhalter, der ihr die Luft abschnürt, und das blöde allergische Asthma, das sie aus heiterem Himmel überfällt, so wie beim Wettkampf im letzten Frühjahr, als die Pollen herumschwirrten und die Natur wahre Orgien feierte. Die Mannschaft war gegen die Mittelschule von Cooper Point angetreten und lag eins zu null in Führung, das Spiel hätte nur noch zwei Minuten gedauert, da durchbrach die gegnerische Stürmerin die Verteidigungskette und Leto, die auf der anderen

Seite zum letzten Sprint ansetzte und sich auf das wichtigste Tackling ihres Lebens vorbereitete, das ihr den Titel der Regionalmeisterin und womöglich die Auszeichnung als beste Spielerin eingebracht hätte, stockte plötzlich der Atem, sie lief rot an und sackte zusammen, während der Ball wie in Zeitlupe an ihr vorüberrollte, dahinter die locker-flockig heraneilende Mittelstürmerin, die in einem riskanten Manöver an der Torhüterin vorbeidribbelte und vermutlich allein durch göttliche Fügung ins leere Tor traf. Das Spiel ging in die Verlängerung, Leto verfolgte die dreißig zusätzlichen Minuten von der Bank aus und verfluchte ihre anfälligen Gene und das Marihuana, das sie schon im Mutterleib geraucht hatte, während ihrer Schule mit nur zehn Spielerinnen und ausgeschöpftem Wechselkontingent der Pokal und ihr selbst die heiß begehrte Auszeichnung entging. »Kann passieren«, sagte die aus Oklahoma stammende Trainerin in breitem Dialekt in der Umkleide. Nein, nur ihr, wollte sie schreien. »Nur mir!« Aber sie sagte nichts, kauerte sich am Ende der Bank zusammen, ballte die Fäuste und bohrte sich die Fingernägel in die Handflächen, um nicht alles kurz und klein zu schlagen und die Feier und die Übergabe des Pokals kaputtzumachen. Am allerwenigsten aber wollte sie vor den Augen der Mitspielerinnen, die ihr wegen des Endresultats wütende Seitenblicke zuwarfen, in Tränen ausbrechen. Das fällt ihr gerade jetzt wieder ein, denn die spitzen Schreie ihrer Mitschüler, die im Schulhof eine unglückliche, von einem Luftdruckgewehr am Rücken verletzte Katze jagen und quälen, holen sie in die Gegenwart zurück. Dann erst nimmt sie das ausdauernde Läuten der Pausenglocke und den Inhalator wahr, den sie aus der Tasche gezogen hat, und holt tief Luft, um ihr schwer erträgliches Leben und die bevorstehende Unterrichtsstunde in amerikanischer Geschichte durchzustehen.

Im Klassenzimmer versucht Leto in der letzten Reihe, ihre Beine unter der Schulbank zu verstauen, während Mrs. Gardner von den goldenen Zwanzigerjahren erzählt; damals war Fortschritt gleichbedeutend mit Konsum und der Wohlstand der Industriestädte bemaß sich an der Zahl der rauchenden Schlote am Horizont und an den Horden einheimischer und zugewanderter Arbeiter, die jeden Morgen die Straßen überfluteten wie Schwärme von Fischerbooten, die beim ersten Sonnenstrahl aufs Meer hinausfahren. Mrs. Gardner läuft im Mittelgang auf und ab, ihre klobigen Sandalen schleifen über den abgenutzten Mosaikboden und ihr neurotischer Tanz wiegt die fünfundzwanzig Schüler in den Schlaf, ihr Rumpf ähnelt einem Pendel, dessen Bewegung, vom eigenen Impuls angetrieben, nach und nach in seiner Wiederholung erlischt. Gleich verebbt die Schwingung und die sechzigjährige, sehr kleine Frau kommt, die Schultern leicht nach vorne geneigt, zum Stillstand und Leto fragt sich, ob es das Schulwissen ist, das die menschlichen Leiber verkrümmt und verbiegt. Aber bevor ihre Gedanken weiter abschweifen können, berührt Mrs. Gardner sie sanft an der Schulter und flüstert ihr ins Ohr: »Mach keinen krummen Rücken, sonst bekommst du einen Buckel.« Es klingt wie ein ferner Nachhall der unausweichlichen Zukunft. Dann verschwindet sie genauso schnell, wie sie gekommen ist, zur schwarzen Schultafel, während die Schulglocke schrillt und die Stühle, beinah synchron, quietschend über den Boden schleifen.

Leto nimmt die Schultasche auf den Rücken und geht kerzengerade hinaus, um ja keinen Buckel zu bekommen, vergisst die Ermahnungen jedoch schnell wieder und eilt mit hängendem Kopf weiter, in träumerische Gedanken verloren, während die Schultasche bei jedem Schritt an ihrem Rücken auf- und abhüpft. Sie will rasch nach Hause, bevor es finster wird, aber nicht, weil sie Angst hat, sondern weil am Montag vor genau einer Woche die Arschlöcher von der Woodrow-Wilson-Schule ein paar Mitschülern aus der Basketballmannschaft aufgelauert und sie verprügelt haben, völlig grundlos haben sie sie grün und blau geschlagen. Sie beschleunigt ihren Schritt und versucht, nicht daran zu denken, was ihr alles Schlimmes zustoßen könnte, ihre Mutter hat sie gewarnt, dass Gedanken den größten Schaden anrichten, sie bringen einen dazu, sich das Schlimmste auszumalen, sie schlagen Wege, wo es nur dichtes, wildes Grün gab, sie raten zu spontanem Handeln in der Hitze des Gefechts, aber man bezahlt dafür sein ganzes Leben lang: »Das verstehst du doch, Leto, mein Schatz?« Doch selbst wenn Leto nicht versteht, was Susan genau meint, wird sie, wenn nicht beim ersten, so beim zweiten oder spätestens beim dritten Mal doch hoffentlich den tieferen Sinn der allgegenwärtigen und allmächtigen Mutterliebe begreifen.

In dem Augenblick, als die Sonne träge hinter der Stadt Camden versinkt, stolpert Leto am Straßenrand und beugt sich hinunter, um die losen Schnürsenkel zu binden. Gleichzeitig fährt der Schulbus mit dem Slogan »Chancengleichheit für alle« die Avenue hinunter und bekundet das Recht eines jeden Schülers auf Zugang zu öffentlicher Bildung, unabhängig von Ethnie, Hautfarbe und finanziellen Möglichkeiten. Da fällt ihr Minnie mit dem dunklen, lockigen Haar und den abgeschnittenen Zöpfen auf, sie klammert sich am offenen Busfenster fest und blickt in die Ferne, bis zum Delaware und noch weiter, bis nach Philadelphia, wo ihr Vater lebt, den sie nie kennengelernt hat und der die Familie verlassen hat, als Minnie noch ein Baby war. Wenn sie eine Erinnerung an ihn aufbewahrt hat, dann die an seine abgetragenen Stiefel, Größe 48, die sie auf dem Dachboden gefunden und für den Naturkundeunterricht in Blumentöpfe umgewandelt, mit Erde und Dünger gefüllt und mit Bohnensetzlingen bepflanzt hat.

Minnie wohnt in einer heruntergekommenen Gegend mit blassgrauen, dem Verfall preisgegebenen Steinfassaden, deren allumfassende Hässlichkeit dennoch harmonisch wirkt. Der verwitterte Stein passt ins Bild, wirkt von der Zeit klug gemeißelt, beinah andächtig tragen die baufälligen Häuser die Vergangenheit in sich und bezeugen den menschlichen, vom Lauf der Dinge vereitelten Ehrgeiz. Die Bewohner leben mit den Ruinen, mittlerweile nehmen sie den Verfall hin, nur abends, wenn der Winter naht und es früh dunkelt, steigt die Angst in ihnen auf. Dann bleibt der elende Zustand der Gebäude in der trüben Dunkelheit verborgen, die Umrisse gewinnen etwas von ihrem einstigen, scharfen Glanz zurück und die Menschen werden zu Monstern und beschwören die Nacht herauf, die den verwitterten Stein gütig bedeckt wie heilender Balsam. Nur sollten sie nicht träumen, sie hätten etwas Besseres verdient, und sich ihrem unglücklichen Schicksal verweigern. Minnie steigt aus dem Bus und nimmt die Schultasche auf den Rücken, winkt dem Busfahrer Miguel zu, ihrem mexikanischen, von allen »Oktopus« genannten Freund, zieht die dünne Jacke enger und läuft den schmalen Newton Creek entlang, der den Stadtteil Morgan Village umfließt und westlich in den alles beherrschenden Delaware mündet. Er überzieht die Stadt jederzeit mit trübsinniger Feuchtigkeit und im Sommer zusätzlich mit Schwärmen blutdürstiger Mücken, die sich an den sumpfigen Ufern des Nebenflusses Cooper von den Gestrandeten nähren.

»Du bist früh dran!«, ruft ihr die Mutter aus der Küche zu. Ganz außer Atem lässt Minnie die Schultasche im Flur des ebenerdigen Apartments fallen, stürmt ins Wohnzimmer, schnappt sich die Fernbedienung und macht den Fernseher an. »Wieder nichts!« Es gibt immer noch keinen Sendetermin für die nächste Dallas-Folge, sie will endlich wissen, wer auf J.R. geschossen hat; seit dem Ende der Staffel im März ist diese Frage schon offen, ganze sechs Monate lang, bald ist es November und der Fall immer noch ungeklärt. Der Sommer verging mit Spekulationen, es wurde September und Minnie schöpfte neue Hoffnung, die nächste Staffel sollte beginnen, das Geheimnis endlich gelüftet werden, doch zu ihrem Pech war die Schauspielergewerkschaft in einen unbefristeten Streik getreten, aus September wurde Oktober, und aus Oktober wurde November, und Mitte des Monats hatte das Publikum das Warten satt. Die CBS-Produzenten gossen Öl ins Feuer, um die Zuschauer bei der Stange zu halten und ihre Fantasie anzustacheln, und brachten kurze Trailer heraus mit verschiedenen Versionen, wer den Mordversuch verübt haben könnte, die Sache war wieder in aller Munde, nur war jetzt leider Gottes die halbe Besetzung mordverdächtig. Minnie wettete den ganzen Sommer über darauf, dass nach allem, was J. R. seiner armen Mutter angetan hatte, Miss Ellie auf ihn geschossen hatte, den größten Schmerz fügten einem die nächsten Verwandten zu, je enger die Bindung, desto brutaler nehmen sie dich ins Visier. Auch ihr großer Bruder Pete hatte sie einmal, am 3. September war es gewesen, mit seinem Luftdruckgewehr an der linken Schulter getroffen und Minnie so laut aufgeschrien, dass es bestimmt sogar die Nachbarn hörten, aber er lachte nur und entschuldigte sich, das habe er nicht gewollt, der Schuss habe sich versehentlich gelöst, so etwas könne passieren. Aufsteigende Tränen hatten Minnies schöne, vor Schmerz zu schmalen Knopflochschlitzen zusammengekniffene Augen getrübt, und da wusste sie, es konnte nur Miss Ellie sein, die J.R. erschossen hat.

»Angeblich zeigen sie es am 21. November.« Minnie blickt zu ihrer Mutter hinüber, die an einer frittierten Kochbanane knabbert. Minnie ekelt sich vor den »Plantain Chips«, wie man sie in Luisas Heimat San Juan nennt, seit man sie ihr zum ersten Mal in den Mund geschoben hat. Es nützt auch nichts, dass Luisa sie zu überzeugen versucht, Kochbananen seien zuckerarm und kaliumreich, und Minnie täte besser daran, die Sperenzchen sein zu lassen und sich mit dem anzufreunden, was ihr guttue, aber sie sei es ja gewohnt, dass ihre Tochter immer erst spät zur Einsicht komme. Als Minnie, den laufenden Fernseher im Rücken, gerade fragen will, was es zum Abendessen gebe, denn sie sei am Verhungern, spürt sie, wie aufgeladen die Stimmung plötzlich ist. Nicht nur mit Schallgeschwindigkeit, nein, mit der Geschwindigkeit von Licht fährt Luisas donnernde Stimme herab: »Was hat du bloß mit deinen Haaren gemacht, verdammt!« Und nicht genug damit, zerren Luisas fettige Finger am traurigen Überrest der Zöpfe, als könnten sie den Verlust dadurch wettmachen.

Es ist fast elf Uhr abends und Pete ist immer noch nicht aufgetaucht, Luisa läuft im Wohnzimmer hin und her und Minnie sitzt, in ihre wollene Kinderdecke gehüllt, in der Sofaecke und tut so, als löse sie besonders knifflige Matheaufgaben. »Wie spät ist es?«, fragt Luisa zum x-ten Mal. Sie erhält keine Antwort und erwartet auch keine. »Wann hast du ihn zuletzt gesehen?« Ohne den Blick von ihrem Buch zu heben, murmelt Minnie: »In der Schule, hab ich dir doch erzählt, Mama.« Luisa verlässt das Wohnzimmer, öffnet die Haustür und balanciert den schmalen Bürgersteig entlang, als sei sie unschlüssig, ob sie die Straße überqueren soll oder nicht, als würde dort ein reißender, bedrohlicher Fluss strömen. Ihre rastlose, torkelnde Silhouette schimmert gespenstisch durch die Spitzenvorhänge und ihr riesiger Schatten fällt auf die Wände, schwebt über dem Sofa und über Minnie wie ein böses Omen. Es ist schon nach Mitternacht, Luisa sitzt am Küchentisch, den Kopf in beide Hände gestützt, Minnie döst auf dem Sofa und zwischen ihnen steht stumm das Telefon. Keiner weiß etwas, Petes Kumpel sind längst zu Hause, die Polizei verfügt über keinen sachdienlichen Hinweis, doch ergebe sich etwas, werde man sich sofort melden, um der Familie weitere Sorgen zu ersparen. Das Telefon steht immer noch an derselben Stelle, stumm und entrückt wie die Gedanken, die sich Luisa in Wirklichkeit und Minnie im Traum macht.

Beim Morgengrauen ist Pete immer noch nicht aufgetaucht, Luisa hat sich nicht vom Fleck gerührt, sie ist aus dem Gleichgewicht geraten wie eine Waagschale, die ihr Gegengewicht verloren hat. Minnie wälzt sich, in ihre Wolldecke gehüllt, auf dem Sofa hin und her, und als die Sonne zögerlich durchs Fenster dringt und alle staubigen Ecken erhellt, Netze der fleißigen Spinnen vom Vortag, Brotkrümel auf dem Boden, Verfall und Verlassenheit am Ende einer tieftraurigen Nacht, erhebt sich Luisa kraftlos vom Stuhl, schaltet die Herdplatte an, bereitet mechanisch Spiegeleier mit dünnen Speckstreifen zu und toastet Brotscheiben, die sie mit Margarine bestreicht und mit Zucker bestreut.

Hinter ihr steht die schlaftrunkene Minnie mit strubbeligem Haar und leerem, knurrendem Magen und zupft ihre Mutter am verblichenen Morgenrock, doch Luisa reagiert nicht. »Mama, wie spät ist es?«, fragt sie leise, um sie durch die unpassende Frage nicht zu verstören. Luisa sieht aus wie ein Gespenst, als hätte ihr Körper schlagartig alle überschüssigen Kilos verloren, man hätte schwören können, dass ihr nach einer einzigen Nacht die Kleider um den Leib schlottern und die einst runden Schultern schmal und erschöpft herabhängen. »Wie spät ist es?«, beharrt Minnie. Wie eine Schlafwandlerin öffnet Luisa die Schränke, holt die abgenutzten, stumpf gewordenen Tassen und Teller heraus. »Zeit zum Frühstücken«, murmelt sie und deckt aus Gewohnheit den Tisch für drei.

Beim gemeinsamen Frühstück liegen die Nachbarhäuser noch im Morgendunst und die umliegenden Straßen in anhaltender Stille versunken, doch in einer halben Stunde wird alles anders sein. Luisa weiß, bei Tag wird nichts mehr so sein wie zuvor, ihre ganze Hoffnung richtet sich auf diese Auszeit, in der sich ihre Gedanken ausdehnen und zusammenziehen wie Schatten und die kurze Wartezeit füllen, die ihr noch bleibt, bevor die befürchteten Nachrichten eintreffen. In der Baptistenkirche hat man ihr erzählt, ihr Sohn sei in Bandengeschäfte und Drogenhandel verwickelt und man wolle sie auf den rechten Weg führen, auf den Weg des Herrn. Zwei Wochen lang überlegte sie hin und her, was und wem es nützt, wenn sie auf den Besuch der heiligen Messe verzichtet und sich dem Gebot der örtlichen Gemeinde widersetzt. Im Grunde hat sie keinen Glauben mehr und keine Hoffnung auf eine zweite oder dritte Chance, die wie Manna vom Himmel fällt und die seit Jahren Darbenden nährt.

Minnie packt die Schultasche und hastet los zum Bus, Luisa zieht den Küchenhocker zum Fenster mit der zugezogenen Gardine. Minnie rennt dem anfahrenden Bus hinterher, Luisa lauscht dem eigenen Atem und dem Zischeln all der verspäteten »Warum«, »Wenn« und »Vielleicht«, die auf sie einstürmen. Während Minnie den Bus aus den Augen verliert, der Fahrt aufnimmt und zu einem winzigen, zitternden Punkt am Ende des tiefroten Horizonts wird, schnappt Luisa nach Luft, fasst sich an die Brust und stürzt zu Boden, weil ihr Herz nicht mehr in diesem Körper wohnen will, ihre erhobene Faust geballt zum Beweis ihres letzten, aussichtslosen Kampfes.

II

Ich träumte in einem Traum, ich sähe eine Stadt,
unbesiegbar unter den Attacken der ganzen übrigen Welt,
Ich träumte, dies wäre die neue Stadt der Freundschaft,
Nichts dort war größer als die Fähigkeit zu robuster Liebe, sie führte alles,
Sie zeigte sich zu jeder Stunde in den Handlungen der Menschen in dieser Stadt
Und in all ihren Blicken und Worten.

Walt Whitman, Ich träumte in einem Traum

Er beißt die Zähne zusammen, kalter Schweiß hat sich in den Verästelungen seiner Handflächen gesammelt, es gibt kein Entkommen. Die Kugeln sind an ihm vorbeigezischt, haben ihr Ziel nur knapp verfehlt, haben keinen Kratzer auf seiner Haut hinterlassen. Er ringt nach Atem, da sitzt ein Würgen im Hals, ein kurzer, unterdrückter Klagelaut. Auf dem Bauch liegend hebt er die Augen nach rechts und erkennt drei Meter entfernt eine Blutlache und einen reglosen Körper quer auf dem schmalen Bürgersteig, danach Passanten, die sich gestikulierend über ihn beugen, dazu ein Dröhnen in seinen Ohren. Mit der rechten Hand betastet er seinen Körper, um den Schmerz zu verorten, findet jedoch keine Wunde und das erschreckt ihn noch mehr, dazu Gedanken, die schwer auf ihm lasten: die ans Bett gefesselte Ehefrau, der einzige, noch minderjährige Sohn, die verschuldete Firma. Dann verliert Antonis Kambanis die Besinnung, wird wieder neunzehn Jahre alt, ein Fremder unter Fremden.

Nach zweiundzwanzig Tagen hatte der Ozeandampfer sein Ziel erreicht, und als die »Patris« am 7. November bei Schneeregen die tausenddreihundert zusammengepferchten Passagiere in Kastingari ausspie, wie Ellis Island von den Griechen genannt wird, spuckte er im Geiste drei Mal auf den Erdboden, es war eine Art Beschwörung, die er seiner Mutter versprochen hatte, die seltsame Vorstellungen von der Macht des menschlichen Willens hatte und meinte, mit Geduld und Spucke könne man an jedem Ort erfolgreich Fuß fassen. Kaum hatte er New Yorker Boden unter den Füßen, sprach ihn ein dürrer Landsmann aus Rhodos an und wollte ihm auf der Stelle Arbeit beschaffen, gegen Bezahlung natürlich. Wortreich schwor er, Antonis' Ersparnisse, egal wie gering, seien bei ihm gut angelegt, und kaum waren sie in seiner Hosentasche mit dem breiten Revers verschwunden, stand für Antonis in einem Hotel, das eher einer Zinkbaracke glich, schon ein Zimmer bereit, das er sich mit vier anderen teilte. Der Mann aus Rhodos verabredete sich mit ihm für den nächsten Tag, zwei Blocks weiter zur selben Uhrzeit, schrieb ihm die Adresse »Ecke Broadway und Franklin« auf einen Zettel und auch, nach wem er fragen sollte, falls er selbst zu spät kam. »Smerlis«, wiederholte er und betonte das rollende R, klopfte ihm verschwörerisch auf die Schulter und kurz bevor er genauso schnell verschwand, wie er aufgetaucht war, vertraute er ihm noch an, er sei im richtigen Land und zur richtigen Zeit gelandet, hier in Amerika gebe es gutbezahlte, sichere Jobs für einen cleveren und ehrgeizigen jungen Mann wie ihn, dann zwinkerte er ihm zu und verschwand eilig im undurchdringlichen Dunkel der Stadt, die niemals schlief und in deren verrufenen, dreckigen Gassen das nächtliche Treiben gerade begann.

Der Typ aus Rhodos erschien nie zur Verabredung, rasch stellte sich heraus, es gab keinen Smerlis, der ihn in Empfang nahm. Nur ein paar arme Teufel, höchstens zwölf oder dreizehn, hockten im Schneidersitz am Straßenrand, hielten Bürste und Schuhcreme parat und putzten die dreckigen Schuhe der Fußgänger blitzblank. New York war eine einzige riesige Baustelle, auf der öffentliche Gebäude und Wolkenkratzer entstanden, als Obdach für den Traum, dessen Glanz in den ärmlichen Baracken und auf den morastigen Straßen verblasste und über das Sonderangebot der Schuhputzer – »Ein Paar Schuhe drei Cent, Dame und Herr zusammen fünf Cent« – nicht hinausreichte. Antonis Kambanis, der nur noch auf ein Wunder hoffen konnte, wollte nicht glauben, dass sich seine zwanzig Dollar in Luft aufgelöst hatten, schon am ersten Tag in der Neuen Welt war er hereingelegt worden, unbegreiflich, dass er in die Falle getappt war. Das Unrecht erbitterte ihn und er suchte Mittel und Wege, um sich Gerechtigkeit zu verschaffen, aber er konnte die Sprache nicht, nur »Good morning«, »Excuse me« und »Thank you«, und selbst das brachte er nur mühsam heraus und schob es im Mund hin und her wie einen heißen Bissen Essen. Wie sollte er so jemandem diesen Reinfall erklären? In seiner Verzweiflung zog er die Aufmerksamkeit eines italienischen Mafioso auf sich, der sein städtisches Schutzgeldrevier – zehn Häuserblocks zum Broadway hin und fünf nach Westen bis zur Hudson Street – entlangschlenderte, um die Tageseinnahmen der jungen Schuhputzer zu kassieren. Der Neue, der vielleicht, wer weiß, gefährlich war, war ihm aufgefallen, und er sprach ihn auf Sizilianisch an, er wollte sehen, ob er etwas vom Business verstehe, vielleicht war es ja sein hageres, dunkles Äußeres, das eine verwandte Herkunft aus dem italienischen Süden andeutete. Sie wechselten ein paar Worte, die sie auch nicht viel weiterbrachten, und am Schluss verständigten sie sich mit Händen, Füßen und Grimassen, doch als Kambanis italienische Papiere und sogar einen italienischen Reisepass hervorholte, Zeugen einer vorübergehenden Herrschaft – die Dodekanes-Inseln waren 1912 durch den Frieden von Ouchy an Italien gefallen – verlor der Italiener keine Zeit mehr, hieß ihn willkommen, sicherte ihm noch am selben Abend eine Wohnung zu und einen Job, wenn er ein paar Handlangertätigkeiten für ihn übernähme, die in Hells Kitchen zu erledigen wären. Aber Antonis Kambanis war ein gebranntes Kind, Gefälligkeiten und Erledigungen ohne unmittelbare Gegenleistung wollte er nie wieder und für niemanden mehr übernehmen, und so trennten sich rasch ihre Wege, aber nicht für lange.

Zwei Wochen später befand sich Antonis Kambanis im Bundesstaat New Jersey, der Tipp stammte von einem Tellerwäscher aus dem westgriechischen Souli, und arbeitete bei der New York Shipbuilding Corporation in Camden als Schweißer für zweiundzwanzig Cent die Stunde. Damit war seine Existenzgrundlage gesichert: ein winziges Zimmerchen in der Sylvan Street in Morgan Village, zwei am Vorabend von seiner polnischen Vermieterin zubereitete kalte Tagesgerichte, und sonntägliche Ausflüge in die ihm noch wenig vertraute Umgebung im Osten der Stadt, ins deutschsprachige Cramer Hill und in die jüdischen Viertel Marlton und Parkside, die vom mäandernden Lauf des Cooper-Flusses begrenzt waren. Doch solange der Mann von der Insel Nisyros kaum Englisch sprach, blieben seine Spaziergänge einsam und das Geld in seiner Tasche spärlich. Wiederholt hielt er an und bestaunte die zweistöckigen Holzhäuser mit den vier- bis fünfköpfigen Familien, die Schaufenster der Konditorläden, die Sirupsüßigkeiten und Eiscreme verkauften, die Synagogen und die Horden strenggläubiger Juden mit den symmetrischen, dunklen Schläfenlocken und die koscheren Restaurants mit appetitlichen Kartoffelpuffern und ukrainischem Gulasch.

Zu den anderen, nicht sehr zahlreichen Griechen hatte er kaum Kontakt, sie lebten über die Viertel verstreut wie einzelne Mohnblumen auf Weizenfeldern, ohne griechisch-orthodoxe Kirche, die sie veranlasst hätte, sich in drei, vier Straßen gemeinsam anzusiedeln und anschließend immer weiter auszubreiten. Aber da Philadelphia, das mindestens zwei orthodoxe Kirchen und eine tausendköpfige Gemeinde zählte, nicht weit entfernt war, stand Antonis Kambanis an einem schlaflosen Sonntagmorgen, der anders war als die anderen, noch vor Tagesanbruch auf und bestieg an der Anlegestelle von Cooper Point die erste Fähre, fuhr den Delaware entlang und besuchte am 10. September 1922, dem Tag nach der türkischen Eroberung von Smyrna, in der Kirche zum heiligen Georg die Messe. Er und noch dreihundert aufgeregte und besorgte Landsleute flüsterten einander zwischen Gebeten und Fürbitten zu, was in Kleinasien vorging und als Schlagzeile in der Sonntagsausgabe der New York Times stand. Er verspürte eine böse Vorahnung, die er schwer einordnen konnte, eine düstere und schmerzliche Erkenntnis, die ihm auf der Brust lastete, und langsam wuchs die Gewissheit, dass es keine Rückkehr gab, dass er hier, an diesem unbekannten und fremden Ort, ein neues Leben aufbauen musste, dass seine Zukunft hier lag. Am selben Morgen verstarb seine fünfzigjährige Mutter im Schlaf an gebrochenem Herzen und erst mit dreiwöchiger Verspätung sollte Antonis Kambanis erfahren, dass seine Vettern auf Nisyros die Begräbniskosten vorgeschossen hatten und im Gegenzug das Einzige, was ihm noch geblieben war, zum Verkauf stand: sein Elternhaus.

Er war zweiundzwanzig Jahre alt, ohne Vater und ohne Mutter, ohne Verwandte und ohne ein Zuhause, er lebte in einer Stadt, deren Name keine Erinnerung bot, nur die Gegenwart. Aber vollkommen unerwartet spürte er eine große Veränderung: Der Tod seiner Mutter befreite ihn von den Schuldgefühlen, die ihn nach Nisyros zurückzogen. Immer hatte Kambanis an Rückkehr gedacht und das Geld, das er zur Seite legte, auf den Cent genau abgezählt, jeder Dollar, den er in den Briefumschlag unter seiner Matratze steckte, brachte ihn seiner Mutter näher, den Trockenmauern, die sie für die Hangterrassen aufschichten, und dem Stück Land, das sie kaufen und bestellen wollten. Bei ihrem Tod besaß er zweiunddreißig Dollar und dreiundfünfzig Cent, eine Summe, mit der er ohnehin nicht weit gekommen wäre, und so stahl er sich eine Woche später früher von der Arbeit fort und ging ins Warenhaus Kotlikoff's. Nachdem er drei Stunden lang zwischen Regalen und Schaufenstern umhergewandert war, kaufte er einen guten Anzug und ein Paar Lederschuhe, die ersten Luxusgüter seines Lebens. Sein Geld war gut angelegt, denn in den Augen eines jeden Amerikaners war man das, was man zu werden versprach. Ersparnisse waren dazu da, ausgegeben zu werden, daher musste er den Mut finden, sich von seiner Vergangenheit zu lösen, und es schaffen, etwas zu werden. Und das hieß: ein anderer zu werden.

Die Wochen vergingen, doch Antonis Kambanis blieb derselbe, vielleicht weil er ein verschlossener, stiller und zurückhaltender Mensch war. Der gekaufte Anzug hing ungetragen im schmalen Schrank, die Stadt vor seinem Fenster dehnte sich nach und nach bis zu den Vorstädten aus, innerhalb weniger Monate waren prächtig verzierte Bauten aus dem Boden geschossen. Die Musikclubs brummten, erfüllt von Tanz und Lebensfreude, und neue Einwanderer strömten herbei, um auch am Boom zu naschen, während die älteren Anspruch auf höhere Löhne erhoben. Das Geld wechselte schnell den Besitzer, die Leute kamen zu Vermögen und die Frauen erhielten das Stimmrecht. Die viktorianischen Moralvorstellungen strandeten in den Flüsterkneipen, man trank illegalen Whisky, tanzte Charleston und Shimmy; das Ende des blutrünstigen Ersten Weltkriegs besiegelte den Beginn einer glänzenden und hoffnungsfrohen Epoche.

Vor Vergnügungslokalen und Kinos spiegelten sich die blinkenden Neonlichter in den Regenpfützen und die Leute standen bis zum Morgen Schlange, um ihren Spaß zu haben. Antonis Kambanis versuchte zu begreifen, was er falsch gemacht hatte und warum sein elendes Leben so aussichtslos war, sein Geld reichte kaum für die Miete und die Vermieterin blickte ihm jeden Morgen säuerlich und unzufrieden entgegen, sie müsse ja die laufenden Kosten bezahlen, auch wenn die Mieteinnahmen dafür nicht ausreichten. Bei der New York Shipbuilding Corporation stand er drei endlose Winter und zwei flüchtige Sommer durch, die Arbeit war freudlos und die Bedingungen hart, das Geld knapp bemessen und noch knapper für diejenigen, die nur gebrochenes Englisch sprachen. Vor Einbruch des vierten Winters eröffnete ihm Ende September seine polnische Vermieterin, sie habe einen besseren Untermieter gefunden, gut situiert und bei Kasse, und sie würde es sehr zu schätzen wissen, wenn er seine sieben Sachen packte und sich zum Ende der Woche aus dem Staub machte. Am selben Morgen noch stopfte er innerhalb kürzester Zeit all seine Habseligkeiten in den alten Koffer seines Onkels aus der Vorkriegszeit, zog zum allerersten Mal seinen Anzug an und trat hinaus auf die Straße, die zwei noch ausstehenden Mieten blieb er schuldig. Es war einer jener grauen Tage, an denen sich das Blau des Himmels verbirgt und die tiefhängenden Wolken mit dem Rauch der Schornsteine verschmelzen. Antonis wirkte wie eine entrückte, morgendliche Gestalt, die vom Weg abgekommen ist und jede Orientierung verloren hat. Stundenlang umrundete er mit dem ausgebeulten Koffer in der Hand ein und denselben Häuserblock, wieder und wieder, bis es dunkelte.

Bei Einbruch der Nacht wanderte er immer noch im Westen der Stadt zwischen den Ziegelhäusern von Central Waterford mit ihren verriegelten Türen und ihren lichtlosen Fenstern umher, die Skyline der Stadt Philadelphia zitterte auf dem Delaware, die leeren Straßen waren schlecht erleuchtet und der sacht rieselnde Schnee blieb auf dem Asphalt liegen. Antonis Kambanis und sein brauner Koffer fanden Zuflucht im überdachten Eingang einer geschlossenen Gemischtwarenhandlung, Schläfrigkeit übermannte ihn und geleitete ihn in behagliche Träume, ihm fielen die Augen zu und seine Lippen wurden blass, er verschmolz mit dem Schnee und der weißen Umgebung, bis ihn ein anhaltendes, kräftiges Rütteln ins Leben zurückholte und man ihm einen scharfen, hausgebrannten Schnaps einflößte, ein mörderischer Grappa, der Tote zum Leben erweckte.

Bis auf die Taubheit in den Händen und den Schüttelfrost, der nicht aufhören wollte, war Antonis Kambanis wieder voll bei Bewusstsein und begriff erst durch das wilde Gestikulieren und das Gewitzel der anderen, dass er im Foyer eines Beerdigungsinstituts erwacht war, umgeben von Kreuzen, Madonnen und elfenbeinfarbenen Särgen. Bevor er erneut ohnmächtig wurde, bekreuzigte er sich noch schnell dreimal. Eine ältere Frau, deren Hand ihm sanft das Gesicht abtupfte und ihm salziges Wasser zu trinken gab, holte ihn zurück in die Gegenwart. Als er die Augen aufschlug, erinnerte ihn die heimelige Atmosphäre, der brennende Kamin und der Duft nach Hausmannskost an seine Mutter, und er schluchzte leise.

Eine ganze Woche und zwei Tage blieb er im Haus von Tony Mecca, bis er wieder bei Kräften war. Er schlief in

einer kleinen Kammer im Erdgeschoss, in der die einzigen
Möbel ein Diwan und ein altes Kurbelgrammophon der
Marke Emil Berliner waren. Gleich nebenan lagerten die
übereinandergestapelten Särge, im ganzen Erdgeschoss duftete es nach gewachstem Holz, nach norwegischem Herbst,
nach Birken und nach Eicheln, modrigem Laub und Nieselregen. Nachts verriegelte er die Tür, lag reglos da und
tat kein Auge zu, aus Angst, im Schlaf würden ihn Schatten, Geister und Stimmen heimsuchen, der Gedanke an den
Tod seiner Mutter und an seinen eigenen, dem er nur knapp
entronnen war. Drei Schwarze hatten ihn aufgelesen und
die italienischen Papiere und den Reisepass bei ihm gefunden, und da sie ihn für tot hielten, hatten sie ihn zu Tonys
Begräbnisinstitut in der 4th Street im italienischen Teil von
Central Waterford getragen, gleich gegenüber der Kirche
der Jungfrau Maria vom Berge Karmel. Im Erdgeschoss des
zweistöckigen weißen Hauses lag das Beerdigungsinstitut
und im ersten Stock die Wohnung, am frühen Abend trafen
sich dort die Italiener und nahmen unten neben den Toten
heimlich ein paar Schluck, unter dem Vorwand, ihnen das
letzte Geleit zu geben. Anschließend war die ganze Nacht
Tanzmusik, das Klackern von Billardkugeln und Gelächter
zu hören. Tony, ein großer Possenreißer, war immer ganz
vorne mit dabei, er half allen, die auf ihn angewiesen waren,
übernahm kostenlos den Job des Übersetzers, des Totengräbers und des Ratgebers, füllte Dokumente und Anträge
aus, ermöglichte auch Mittellosen ein Begräbnis, erschien
als Zeuge vor Gericht und machte, falls nötig, auch Falsch-
aussagen. All das tat er, weil er einen geheimen Plan im Hinterkopf hatte: Er wollte die Arena der Politik betreten und
seinen Nachruhm sichern. Sein Ruf war so gut und sein Einfluss im italienischsprachigen Teil von Camden so groß, dass

die neu zugezogenen Italiener bei den Prüfungsfragen zum Einbürgerungsverfahren und zur begehrten Green Card auf die übliche Frage »Wo liegt das Weiße Haus?« ohne nachzudenken antworteten: »Das weiße Haus des Totengräbers Tony Mecca liegt Ecke 4th Street und Division, in der Stadt Camden im Bundesstaat New Jersey der Vereinigten Staaten von Amerika.« Und dann, um sich nach allen Seiten und auch gegen Gott abzusichern, fügten sie hinzu: »Direkt gegenüber der Kirche zur großmächtigen, gnadenreichen und wundertätigen Jungfrau Maria vom Berge Karmel.«

Wunder geschahen allerdings selten und wenn man keine italienischen Wurzeln hatte, bekam man bei Tony Mecca keinen Fuß in die Tür, erst recht nicht, wenn man nicht katholisch war. Wollte man eingelassen werden, lebend oder mit den Füßen voran, musste man die erforderlichen Begleitschreiben vorlegen und sich entsprechend ausweisen. Woher sollten die Afroamerikaner auch wissen, dass italienische Dokumente auch auf den griechischen Dodekanes-Inseln ausgestellt wurden und dass sie den armen Mann bei der falschen Glaubensgemeinschaft ablieferten. Als der nicht sehr helle Pepito, Tony Meccas Nummer zwei, ihnen die Tür aufmachte und sie anschnauzte, ließen sie die gestempelten Papiere sehen, die sie bei Antonis entdeckt hatten, erst dann ließ er sich überzeugen und packte mit an, schubste die Dunkelhäutigen jedoch unter kalabrischen Flüchen beiseite, als seien es ekelerregende Unglücksraben, die mit ihren dreckigen Pfoten den Körper eines vortrefflichen, hochanständigen Landsmannes besudelten, der zu seinem Pech ausgerechnet im »mamma mia brutta anche bella America« sein Glück suchte.

Hier nahm Antonis' Schicksal eine Wendung: Tony Mecca nahm ihn unter seine Fittiche, vermittelte ihm ein Zimmer am Bergen Square und versprach ihm anständigen Lohn, wenn er sich nachdrücklich dafür einsetzte, Meccas gutes Ansehen zu sichern. Zunächst übertrug er ihm Hilfsdienste wie die vertrauliche Übergabe von Paketen oder Drohbriefen, die Aufklärung von Missverständnissen und die Richtigstellung von Fehlinterpretationen durch eine kräftige Tracht Prügel, und als Mecca nach zwei Monaten und keineswegs nur, weil sie Namensvettern waren, überzeugt war, dass Antonis gutwillig und vertrauenswürdig war, taufte er ihn »Nontas« und nahm ihn als festen Mitarbeiter auf. Morgens richtete er zusammen mit zwei anderen die frisch eingetroffenen Toten fürs Begräbnis hübsch her und nachts experimentierte er im Keller an der Formel für das schwarzgebrannte, hochprozentige Stärkungsmittel herum, bevor er noch vor Morgengrauen die Schnapsflaschen in den Leichenwagen lud und mit Pepito, dem »Milchmann«, zu Meccas handverlesenen Kunden und einflussreichen Freunden fuhr.

An einem solchen Morgen, als Pepito wieder einmal den »Milchmann« spielte, Sergio am Steuer des Leichenwagens wartete und er selbst vom Beifahrersitz aus die Umgebung im Auge behielt, da sah er sie zum ersten Mal. Sie überquerte gerade die Cooper Street mit leichtem Schritt, zunächst fiel ihm im ersten Tageslicht ihr blondes Haar auf, danach erst nahm er die blühenden Kirschbäume, die breiten, sauberen Straßen, die herrschaftlichen Villen und den alabasterfarbenen Himmel wahr, er spürte ein Ziehen in der Brust, so stark, als läge er auf der Folterbank, bis er schließlich den Blick von ihr losreißen konnte und sich wieder im Griff hatte, während »Gina«, der Leichenwagen, mit einem dumpfen Quietschen losfuhr und holpernd um die nächste Ecke bog. Am Abend bekam er Schüttelfrost und Fieber, das beharrlich blieb, außerdem Schnupfen und schleimigen Auswurf. Man rief den Arzt, da so viele schon an Tuberkulose gestorben waren. Doktor Jaskólski traf erst spät mit seiner Arzttasche ein, gegen Mitternacht, und nachdem er, erschöpft und abgekämpft, gegessen und getrunken hatte, zündete er sich eine Zigarre an und urteilte im Brustton der Überzeugung, der Patient werde überleben und wenn er an etwas leide, dann sei es der Frühling, den er nicht vertrage, es seien die blühenden Kirschbäume und Magnolien, die Linden und Robinien, kurz gesagt, er leide an Heuschnupfen. Als sich Dr. Jaskólski nach zwei Uhr morgens verabschiedete, fasste sich der ängstliche Nontas ein Herz und fragte die gutmütige Mrs. Mecca, die gerade den Tisch abräumte, ob er an etwas Ernstem und Bösartigem leide, doch sie grinste verschmitzt, zwinkerte ihm zu und raunte ihm mit Brotkrümeln im Mund zu: »Io sono sigura que ti abbiano fatto il malocchio.«

Doch vielleicht war es gar nicht der böse Blick gewesen, der Nontas getroffen und seine körperlichen Widerstandskräfte durch ständiges Niesen, tränende Augen und eine unaufhörlich laufende Nase geschwächt und ihn dadurch in die Knie gezwungen hatte. Er selbst war überzeugt, dass sein Leiden auf weibliche List und Tücke zurückging, und wenn er sich von diesem bösen Einfluss befreien wollte, musste er die blonde Schönheit wiederfinden. Doch je länger er suchte, desto verzweifelter wurde er, Camden war wie ein Heuhaufen, in dem er nach einer Stecknadel suchte, die ihn schmerzhaft gepikt hatte, und je mehr er suchte, desto stärker triezten ihn Sergio und Pepito, sie witzelten, zwickten ihn und stellten ihm ein Bein, doch er gab nicht auf, er übte sich in Geduld, er bäumte sich gegen die Natur auf und gab, während er sich abwechselnd Augen, Nase und Mund trocken wischte, so lange »Hatschi!« von sich, bis er genervt »Jetzt reicht's mir aber, Hatschi!« rief.

Der Frühling verging, gefolgt von einem kurzen Sommer, die Symptome klangen ab und eines Abends erblickte er sie im Dämmerlicht auf dem Bürgersteig. Sie war vor seinem Fenster stehen geblieben und schüttelte ihren Schuh, um ein störendes Steinchen loszuwerden. Nontas verlor keine Zeit, warf den Mantel über, packte seinen Hut und lief auf die Straße, er wollte sie ansprechen, doch es war zu spät, er hatte zu lang gezögert und so beschloss er, ihr zu folgen. Unterwegs musterte er sie heimlich, er war nicht mehr sicher, ob sie es tatsächlich war, auf ihrem blonden Haar tanzten rötliche Glanzlichter, damals war ihm der kupferfarbene Schimmer nicht aufgefallen, vielleicht spiegelte sich bei hereinbrechender Dämmerung das Abendrot in ihrem Haar. Er folgte ihr bis nach Pine Point, dem irischen Viertel, gleich würden die Umrisse von Petty Island auftauchen. Es war ein seltsamer Abend, der einen an Gespenster, Piraten und gekaperte Herzen glauben ließ, keine Menschenseele war auf der Straße und Nontas erschrak vor seinem eigenen Schatten und Atem, seine Schritte passten sich ihren an und in seinen Adern stieg das Adrenalin, sie hörte seinen Atem hinter sich und die eiligen, stolpernden Schritte, und wandte sich um, doch bevor sie schreien oder sich wehren konnte, packte Nontas zu, riss sie in seine Arme und was er dann tat, geschah lautlos, heimlich und schnell. Die Sache war erledigt und wurde von ihm vergessen, verdrängt und versenkt in der undurchdringlichen, stickigen und unbarmherzigen Dunkelheit.

Als der Winter kam, verblasste das weibliche Traumbild und Nontas war wieder der Alte, die Geschäfte liefen gut und die Bestellungen stiegen, nur reichte die Schwarzbrennerei nicht mehr aus, um die illustren Freundesfreunde zu beliefern. Sie dachten daran, von den eisigen kanadischen Seen her Schmuggelware einzuführen, doch in Philadelphia stand viel Geld auf dem Spiel und die dortigen Banden schreckten vor nichts zurück. Mecca wollte sich nicht mit der Mafia und fragwürdigen Geschichten einlassen, sein Leben drehte sich um das Beerdigungsinstitut, und da das Geld, das er mit dem Jenseits verdiente, mehr als genug war, begnügte er sich mit dem unfehlbaren Gesetz von Angebot und Nachfrage vor Ort: Je länger die Einwohner von Camden auf dem Trockenen saßen, desto höher schnellte der Preis für die schwarzgebrannte Ware, und je heftiger die Leute nach dem berauschenden Trank verlangten, desto höhere Einnahmen hatte er – aus seinem Kerngeschäft und seinem Nebenverdienst.

So hätte alles noch eine Weile weitergehen können, wäre nicht am 22. Dezember 1924 ein längliches, teuer verpacktes Paket mit einer leuchtend roten Schleife bei Familie Mecca abgegeben worden, dem zunächst niemand Beachtung schenkte. Obwohl dem Paket weder eine Karte beilag noch Absender oder Empfänger draufstand, fand man es auch nach Tagen nicht verdächtig, dass jemand der Familie Mecca anonym seine Dankbarkeit ausdrücken wollte. An den Feiertagen versammelten sich immer wieder Familienmitglieder, gute Freunde und enge Mitarbeiter unter dem geschmückten Weihnachtsbaum, um Geschenke zu verteilen oder auszutauschen. Der Weihnachtsabend kam und Mrs. Mecca hatte noch keine Geschenke für die Gäste besorgt, die Töchter waren bei der Schneiderin, um die letzten Änderungen an ihren aparten Kleidern für den Silvesterball vorzunehmen, Tony führte Wahlkampf und hatte ein wichtiges Arbeitsessen mit dem republikanischen Senator Spacey in Central

Watertown und sie musste die Zimmer noch schmücken und die gefüllte Gans in den Ofen schieben, während Sergio genervt einen Berg orangefarbener Süßkartoffeln schälte und sich dabei über das vollgestopfte Federvieh beschwerte, das nicht nach seinem Geschmack war, und murrte, der traditionelle gebratene Aal, mariniert mit Lorbeer und Knoblauchzehen, wäre ihm hundert Mal lieber gewesen.

Als es Zeit fürs Weihnachtsessen wurde, saß Mrs. Mecca auf glühenden Kohlen und wusste sich nicht anders zu helfen, als Pepito und Nontas, die schon vor Stunden in ihre guten Anzüge geschlüpft waren, zu sich zu rufen, ihnen alles Gute zu wünschen, ihnen für ihren Fleiß und ihre Treue zu danken und ihnen zehn Dollar in die Hand zu drücken, damit sie rasch noch die fehlenden Geschenke für die geladenen Gäste kauften. Es war schon nach fünf, und wo sie es auch versuchten, waren die Läden längst zu. Sie waren verzweifelt, denn Mrs. Meccas ganze Hoffnung ruhte auf ihnen, nur den alten Mr. Stein erwischten sie noch, der mit dem Schüsselbund um den Hals die Straße entlangschlurfte, und beknieten ihn, sein Geschäft aufzusperren, und als sie ihm zum Beweis ihrer guten Absichten die zehn zerknitterten Dollarscheine hinhielten, schüttelte der Jude den Kopf und sagte, halbe Sachen mache er nicht und wenn sie tatsächlich wollten, dass er den Laden für sie aufsperrte, müssten sie schon tiefer in die Tasche greifen. Aber so sehr sie auch kramten und ihre Hosentaschen nach außen kehrten, fanden sie nichts von Wert, um den Alten zu überzeugen, und als sie ihm insgesamt nur zehn Dollar und dreißig Cent anbieten konnten, zog er die Hände aus dem Mantel und winkte ab, da allein fürs Aufschließen, die Kosten für Licht und Kasse plus Überstunden gerechnet mindestens zwölf Dollar an Verkaufswert herausspringen müssten. Da sie keine Alternative hatten, hielten sie ihn zurück, versprachen ihm die zusätzlichen zwei Dollar innerhalb einer Woche mit einem Zinssatz von fünf Cent pro Tag, besiegelten den Deal mit einem Handschlag und eilten dann gemeinsam mit ihm zum Geschäft.

Das Abendessen war ein großer Erfolg, das Essen war reichlich, die Portionen großzügig und der Rotwein floss in Strömen, ein Mitbringsel von Wachtmeister Rigoletti, der stets dafür sorgte, polizeilich beschlagnahmte Güter in den Häusern seiner brüderlichen Freunde unter die Leute zu bringen. Kurz bevor zum Dessert im Kerzenschein aufgedeckt wurde, legte Tony Mecca eine Grammophonplatte von Pasquale Feis auf, der zu entrückten, dudelsackartigen Klängen von Zampogna und Gaita sizilianische Neujahrslieder sang, Mrs. Mecca schlug andächtig das Kreuzzeichen und forderte die Tafelrunde auf, sich um den Baum zu scharen, und verteilte die unter den Glitzerkugeln schimmernden und unter dem Weihnachtsschmuck wartenden Geschenke, während Nontas und Pepito mit vom Wein geröteten Wangen und aufgeputzt wie Pfingstochsen dastanden.

Nachdem die Geschenke ausgepackt und teils – Geschmäcker sind eben verschieden – untereinander getauscht waren, stieß Mrs. Mecca, die gerade noch mit dem Servieren des cremig-zarten Tiramisu beschäftigt war, einen Schrei des Entsetzens aus. Sie hatte den Deckel der länglichen Schachtel angehoben: Darin lag eine bodenlange weiße Kutte mit einem absurd spitzen Hut, und wenn man alles herausnahm und aneinanderhielt, ergab sich das alptraumhafte Kostüm des Ku-Klux-Klan.

III

Lilie:
ohne Wasser
ohne Selbst

Nick Virgilio

Immer wenn Basil traurig ist, beginnt er zu kochen, und je trauriger er ist, umso komplizierter werden die Gerichte. Die fantasievollsten Kreationen hat Susan immer dann genossen, wenn die Auseinandersetzungen am heftigsten waren, wenn er von ihr enttäuscht war oder beunruhigt aufgrund der prekären Familienfinanzen, die zwar länger schon ein Problem waren, ihn zuletzt aber immer mehr belasten. Vielleicht bildet sich Susan ja auch nur ein, dass sich alles, ihre unklaren Entscheidungen, ihre Liebe zueinander, ihre Tochter und die Gegenwart, die sie so oft an die Vergangenheit denken ließ, vor ihr auftürmt wie ein Berg. Vor neun Jahren war Leto noch ein Kleinkind, wie alt war sie damals, drei? Ja, gerade drei war sie, als die Brände ausbrachen. Drei Tage und Nächte lang brannte die Stadt, drei Tage und Nächte lang zogen Plünderer durch die Geschäfte, der Rauch umzingelte die Häuser und schürte unaussprechliche Ängste. Ende August hatte alles aus dem Nichts begonnen, zwei Polizisten hatten einen Motorradfahrer, einen Latino, so schwer verprügelt, dass er auf der Intensivstation landete, die Nachricht sprach sich schnell herum, ging in den Armenvierteln von Mund zu Mund, Afroamerikaner und Puerto-Ricaner griffen nach Brechstangen und Fackeln, schlossen sich innerhalb einer einzigen Nacht gegen die Bedrohung und Kaltschnäuzigkeit der weißen Mittelklasse zusammen, erklärten ihr den Krieg und schworen Rache für den Märtyrer Horacio Jimenez, und je länger er auf der Intensivstation um sein Leben kämpfte, desto flehentlicher betete Susan, die Ärzte möchten ihn mit aller Gewalt am Leben erhalten, da sie das Schlimmste befürchtete, und während Horacio noch bis in die frühen Morgenstunden mit dem Tod rang, fragte sich Basil, was schiefgelaufen war, wie sich so viel Wut und Hass anstauen konnten, was dieses Feuer entfacht hatte, das noch vor Morgengrauen begann, die ganze Stadt zu verschlingen. Nur Stunden später war Camden überschwemmt von Mietanzeigen und Verkaufsschildern, innerhalb einer Woche stürzten die Immobilienpreise in den Keller und das Unvorstellbare geschah, Wohnhäuser und andere Besitztümer wurden für immer zurückgelassen. Doch wer blieb unter all den rauchenden Ruinen und menschlichen Tragödien zurück? Susan, Basil und die kleine Leto.

Susan ist so sehr in Gedanken versunken, dass sie nicht auf den orange-weiß gestreiften Umzugswagen achtet, in dem die Einrichtungsgegenstände und altmodischen Möbelstücke aus dem Nachbarhaus verschwinden. Vielleicht hat sie das morgendliche Hin und Her zwischen Haus und Wagen aus dem Augenwinkel registriert und sich durch das vergeblich Verdrängte hindurch erinnert, dass das Leben aus Taten und Ereignissen besteht, dass die von uns bewohnten Häuser aus Beton, Glas, Ziegeln und Holz gebaut sind, und dass nur die Gedanken durch die Luft schwirren, die allen gleichermaßen und kostenlos zur Verfügung steht. Susan steht, eins achtundsiebzig groß, immer noch am selben Fleck, die Arme in die Hüfte gestützt, ihr Mund ist ganz taub, weil sie so lange schon Wörter kaut und hinunterschluckt, sie denkt und denkt und wünscht sich, sie könnte damit aufhören.

Dann schluckt sie alle Wörter, Schlussfolgerungen und Vorsätze endgültig hinunter und dreht sich um, aber da steht Basil vor ihr. Sie packt ihn an den Schultern und schüttelt ihn, als wäre etwas Schreckliches, aber zugleich Großes und Wichtiges passiert, das ihm entgangen ist, aber die spontan gefasste Entscheidung, ihn zu verlassen, bringt sie nicht über die Lippen: »Schluss, aus, ich hab die Schnauze voll.« Sie steht nur da und blickt ihn mit ihren strahlend blauen Augen flehend an, die noch dunkler sind als sonst und an die fiebrig-heißen Buchten des Mittelmeers erinnern.

»Die Orangen-Pfannkuchen sind fertig«, sagt er, und das holt Susan wieder auf den Boden der Tatsachen. »Ahornsirup und Thymianhonig stehen auf dem Tisch«, ruft er ihr hinterher, als Susan rasch an ihm vorbeigeht, die Treppe hoch, es ist schon Viertel nach sieben und Leto liegt immer noch im Bett, die Decke bis zum Kinn hochgezogen, sie will nicht zur Schule und stellt sich seit dem Vorabend krank, sie tut so, als hätte sie Fieber, Halsschmerzen, hartnäckigen Husten und Atempfeifen, eventuell eine Nebenhöhlenentzündung, womöglich eine Bronchitis oder gar eine Lungenentzündung.

Leto hatte das Fieberthermometer zwischen den Händen gerieben, es an der Heizung gewärmt, es sogar mit den ihr verhassten Zwiebeln probiert, die sie heimlich aus dem Küchenschrank geholt und unter ihre Achselhöhle geklemmt hatte, sie bekam aber gerade mal erhöhte Temperatur hin, siebenunddreißig eins, doch kurz bevor sie sich zu Susans Wagen schleppen musste, spielte sie ihren letzten Trumpf aus, stampfte mit den Füßen auf, schrie und brach in Tränen aus, und während ihre Mutter sie kühl, man könnte fast sagen berechnend musterte aus ihren klaren blauen Augen, deren Mitleid man offenbar durch nichts erregen konnte, holte Leto aus und schmetterte den rechten Arm gegen die Wand, der sofort blau wurde und anschwoll wie ein Luftballon, und als Susan den verletzten Arm berührte, stieß Leto einen unartikulierten Schrei echten Schmerzes aus. Jetzt befinden sich Mutter und Tochter in der Notaufnahme des staatlichen Krankenhauses und der sympathische, weißhaarige Dr. Mallone gipst den Arm ein - unter Letos sardonischem Lächeln, da sie die Klassenarbeit in amerikanischer Geschichte verpasst hat, und unter Susans grimmigem bajuwarischem Blick, der auf mindestens drei Generationen unter der Erde liegender Susannes zurückgeht.

Der alte Plymouth Cricket ächzt um die Kurve und Leto zerrt auf dem Beifahrersitz am kaputten Sicherheitsgurt, weil der Gipsverband nicht durch die verhedderten Bänder passen will. Susan steigt vom Gas, hält am rechten Seitenstreifen, macht den Warnblinker an und wartet, bis Leto sie um Hilfe bittet. Mutter und Tochter sprechen nicht miteinander und bleiben beide aus jeweils eigenen guten oder schlechten Gründen stur sitzen. Leto ist vor lauter Anstrengung knallrot geworden, Susan macht das Radio an, kurbelt das Fenster herunter und die fahle Sonne umspielt ihr blasses Gesicht, während vom Wahlkampf berichtet wird. Reagans Team befürchte die Wiederwahl Carters, denn ihm könne knapp vor den Wahlen die Befreiung der Diplomaten aus der US- Botschaft in Teheran und so ein Meinungsumschwung gelingen, danach wird die Stimme des Kommentators ausgeblendet und die Musik erobert den Äther zurück und die ersten Akkorde des Songs »Stumblin' in« erklingen in der Version von Smokie.

Susan lehnt den Kopf an die Wagentür und singt leise mit, Rhythmus und Melodie sind ihr vertraut und machen die fehlende Textkenntnis wett. Als sie durchs offene Fenster blickt, sieht sie zwei dunkle Augen, die Mutter und Tochter neugierig mustern, und Leto, die spürt, dass sich die Atmosphäre im Wagen verändert hat, befreit sich und den gebrochenen Arm aus dem Sicherheitsgut und schaut nach rechts. Dort trifft sie auf den überraschten Blick und den schüchternen Gruß von Minnie, die Hand und Schultern gleich wieder sinken lässt, als hätte sie eine imaginäre Grenze überschritten. Sie rückt die vollgestopfte, viel zu große und schwere Schultasche auf dem Rücken zurecht und setzt ihren einsamen Weg fort, links leicht hinkend, weil sie keine für längere Strecken geeigneten Sportschuhe hat und ihr der kleine Zeh weh tut. Wenn sie jetzt stehenbleibt, das ist sicher, wird sie es nie schaffen, sie hat sich ein heimliches Ziel gesteckt, und Ziele muss man um jeden Preis erreichen. Man kann alles, wenn man es nur wirklich möchte, und heute will sie umso mehr ans Ziel kommen, weil sie alle Hausaufgaben gemacht und jede einzelne Rechenaufgabe gelöst hat. Es gibt kein größeres Glück als das Lob und die Anerkennung der Lehrer.

Susan fragt Leto, wer das Mädchen mit den ungleichen Zöpfen und der großen Schultasche ist, ihre Tochter scheint sie zu kennen, doch Leto zuckt nur die Achseln und gibt keine Antwort, stattdessen schiebt sie einen Druckbleistift unter den Gips und kratzt sich die juckende Hand. Susan ist genervt von ihrer Tochter und ihren schlechten Manieren, das fremde Mädchen erregt zwar irgendwie ihr Interesse, aber sie denkt nicht weiter über sie nach, seit dem Morgen gehen ihr schon so viele verschiedene Dinge durch den Kopf. Sie schaltet das Radio aus, schlägt den Lenker ein und gibt Gas, ihr Haus ist nicht weit entfernt, kaum fünf Minuten, und so verschwindet Minnie im toten Winkel des Rückspiegels.

Basil Kambanis beugt sich zu seiner Stieftochter hinunter und schreibt mit einem dicken, wasserfesten Filzstift »Gute

Besserung, Komet« auf den Gips. Schon seltsam, wie ähnlich sie ihm ist, das liegt wohl an der eigenwilligen Haarlocke, die ihr bei jeder Kopfbewegung übers rechte Auge fällt und die sie, als wäre diese Handbewegung das Natürlichste auf der Welt, immer wieder zur Seite streicht, um überhaupt etwas zu sehen. Sie ähnelt ihm, weil auch sie Susan mit oberflächlichem, bockigem Verhalten und ständigen Ansprüchen nerven kann. Wenn sich Stiefvater und Tochter etwas in den Kopf setzen, dann gibt es keinen Kompromiss und kein Zurück. Leto streicht die Locke gerade so weit zur Seite, dass sie erkennen kann, was ihr Stiefvater, der ihr vielsagend zuzwinkert, auf dem Gips fabriziert hat. »Ich frage mich nur, wie man derartig gegen die Wand knallen kann«, wundert er sich laut. Doch an Letos Stelle antwortet Susan ganz selbstverständlich: »Sie wollte das Thermometer auffangen, das ihr aus der Achselhöhle gerutscht war.« Bevor Leto die Tür hinter sich zuschlägt, ruft sie genervt: »Ach, lasst mich doch in Ruhe!« Wie können sie es wagen, sich vor ihren eigenen, von Tränen der Wut erfüllten Augen so offen und gemein über sie lustig zu machen? Den Zwiebelgeruch, der sich im jugendlichen Flaum ihrer Achselhöhle eingenistet hat, spürt sie immer noch.

Basil und Susan lächeln sich verschwörerisch zu und Falten, so fein wie die Wurzeln kraftloser Bäume, graben sich um ihre Augen und Mundwinkel. Susan wuschelt Basil zärtlich durchs Haar, er ergreift ihre Hand und küsst sie: »Was machen wir nur mit diesem Kind?« Seine rhetorische Frage bleibt unbeantwortet. »Sie kommt nach mir«, gesteht Susan ein. »Sie hört auf keinen«, bemerkt Basil. »Wenn sie groß ist ...«, sagen beide wie aus einem Mund und ihre Worte klingen wie ein Eingeständnis, das den Schmerz betäuben soll: Die Dinge gehen ihren Gang und die Zeit gleitet über alles hinweg, die feinen Risse, die noch keine Schründe geworden sind, die unbestimmten Sorgen, die den Körper noch nicht vereinnahmt haben, die kleinen bequemen Lügen und ihre ungewissen, irreführenden Folgen.

Ein paar Minuten später kommt Leto in Trainingshose und mit der Trainingsjacke über der linken Schulter die Wendeltreppe der Doppelhaushälfte herunter. »Wo willst du hin?«, fragt Susan und kneift die Augen zusammen. »Zum Training«, erwidert Leto trocken und Basil stammelt überrumpelt: »Das solltest du heute lieber lassen, Schatz.« Doch sie beharrt: »Wer fährt mich? Ich bin spät dran.« Susan geht drohend auf ihre Tochter zu, doch Leto weist sie ab und gibt ihr klipp und klar zu verstehen, dass es ihr prima gehe. »Ach ja, fit wie ein Turnschuh?«, gibt Susan zurück. Zu spät, denn Leto hat die Tür aufgerissen und ist bereits losgelaufen.

Als Leto die Straße mit dem eingegipsten Arm entlangeilt, schwankt sie wie ein steuerloses Schiff, das immer wieder rechte Schlagseite bekommt. Susan blickt ihr, die linke Hand an die Haustür gestützt, so lange nach, bis sie verschwunden ist, Basil stellt sich neben seine Frau und legt ihr die Hand auf den Arm: »Warum hast du sie gehen lassen?« Susan zuckt die Schultern: »Was hätte ich tun sollen?« Ihre Stimme klingt weniger herrisch als sonst und sie erschrickt vor ihrem entschuldigenden Tonfall, dann schiebt sich ihr Rücken vor Basil und verdeckt seinen Gesichtsausdruck. Nachdem sie ihre beiden Leben notdürftig sortiert und sich ein weiteres Mal zusammengerauft haben, fällt die schwere Tür mit einem leisen Ächzen ins Schloss.

Basil parkt seinen verbeulten Kombi auf dem kleinen Parkplatz vor dem Diner »Ariadne«, es ist fast elf und jeden Augenblick treffen aus den paar umliegenden Büros und Geschäften Gäste zum Mittagstisch ein, Sally wirft ihm durch die beschlagene Scheibe einen Gruß zu, während Veronica dem alten Mike und dem versoffenen Tyson in Pappbechern, bedruckt mit antiken Amphoren und dem Parthenon, einen halben Kaffee spendiert, diesen beiden seit vier Jahren obdachlosen Maskottchen des Viertels, die ihre Pappkartons so lange vom einen Parkplatz zum nächsten schleifen, zu den Toren verlassener Gebäude, zu warmen Bankautomatenräumen und zu Ladeneingängen, bis Wachleute oder Bullen sie erwischen und verscheuchen, aber gerade nur so weit, um ihren Stolz zu brechen und ihnen unter die Nase zu reiben, dass sie niemals und nirgends Ruhe und Rückhalt finden, sondern ihre Pappkartons und verschlissenen Decken bettelarm und schutzlos bis in alle Ewigkeit durch die Straßen schleifen werden.

Basil betritt das Lokal, begrüßt die Mädels, die an die sechzig, wenn nicht älter sind, erledigt die Post und die laufenden Rechnungen und steht danach mit fast leeren Taschen da, der Monatsgewinn ist so minimal, dass fraglich ist, wie lange noch die monatlichen Fixkosten durch sein Bankkonto gedeckt sind, Leto wird immer größer und ihre Bedürfnisse auch, wie soll sie aufs College gehen, von welchem Geld? Klar, auch die staatliche Universität ist eine Lösung, dort sind die Studiengebühren niedriger, trotzdem bleibt es eine erkleckliche Summe, von der er nicht weiß, ob er sie aufbringen kann, mein Gott, wie schnell Kinder groß werden, wie soll er das nur schaffen? Zwischen den Briefen und den Rechnungen entdeckt er Broschüren, die nutzlose Produkte anpreisen, Flyer, die zu Traumreisen einladen, Pamphlete der Zeugen Jehovas und futuristische Werbeanzeigen der Scientology-Sekte, mein Gott, wo soll das noch hinführen, es wird immer schlimmer, doch er kann nichts dagegen tun, das Finanzamt zieht ihn aus bis aufs Hemd, es gibt keine Jobs und die Preise steigen und steigen. Die Tür des Diners geht auf, das Glöckchen bimmelt, die ersten Gäste nehmen am Tresen Platz und bestellen die Spezialität des Hauses, eine Kalorienbombe, bestehend aus geröstetem Brot, gefüllt mit einer dicken Scheibe Dosenwurst, einer doppelten Portion Spiegeleier und reichlich geschmolzenem Cheddar, mit einem halben Teller frittierter Zwiebelringe als Draufgabe.

Das siedende Sonnenblumenöl zischt und bildet riesige goldgelbe Blasen, die aussehen, als würden sie gleich zerplatzen und aus der Fritteuse schwappen, Veronica wirft die tiefgekühlten Zwiebelringe zusammen mit den vorfrittierten Pommes hinein und verteilt alles gleichmäßig, damit es die gewünschte rötlichbraune Farbe bekommt. Basils gedankenverlorener Blick versinkt in der Fritteuse, als zähle er, wie viele Blasen dort reinpassen, bevor sie zerplatzen und die mit den Jahren speckig gewordenen Kacheln bespritzen, in deren Fugen sich das klebrige Fett festgesetzt hat. Sally verteilt das Besteck und serviert den Kunden, die man an den Fingern einer Hand abzählen kann und die nur selten das appetitliche Gyros mit dem wässrigen Tzatziki bestellen, Filterkaffee. Zur gleichen Zeit steigt Susan in ihren alten Wagen, mit dem sie sich nie anfreunden konnte, ein Geschenk von Basil zum ersten Hochzeitstag, grellgrün und mit hässlicher Schnauze, eine riesige, eklige Heuschrecke.

Minnie biegt in die Fremont Avenue ein und erblickt die Schule, die dort thront wie ein Jugendgefängnis mit seinen verblassten, mächtigen Mauern und den bordeauxroten, vom Rost zerfressenen Eingangspforten, ein ganzer Häuserblock. Sie beeilt sich, auch wenn der kleine Zeh weh tut, erkennbar an ihrem Hinken, aber es sind nur noch ein paar

Schritte bis zum Haupteingang auf der Stevens Street und bestimmt schafft sie es rechtzeitig zum Physikunterricht, der sie immer fasziniert. Darin geht es um all die Kräfte, die bedrohliche Gegenstände von ihr fern und im Gleichgewicht halten, um die kinetische Energie, die sich hinter den Faustschlägen des Bruders verbirgt und um ihren wie ein Boxsack hin- und herpendelnden Körper, und um das innere Schwingen, das langsam erstirbt und sie in den ursprünglichen Ruhezustand zurückversetzt, eine erstaunliche Erfahrung und ein lohnender Gegenwert für die Schläge. Im Physikunterricht geht es um all das, was sie hasst und liebt und irgendwie zu verstehen glaubt, es geht um die fast unaussprechlichen Termini, die schwierigen Begriffe und die komplexen Diagramme, Drehmomente und Kräfte, die sie zu Boden drücken, um die zentrifugalen Geisterkräfte, die nachts munter werden und ihr Bett mit Angst benetzen.

Als sie die Tür des Klassenzimmers öffnet, heben die Mitschüler verwundert die Köpfe, grinsen hämisch und kommentieren flüsternd ihre zusammengestoppelte, ärmliche und unpassende Kleidung, der übergewichtige Mr. Brown mit der Hornbrille winkt sie zu sich zum Katheder und fragt nach dem Grund ihres Zuspätkommens. Doch wo soll Minnie beginnen, bei ihrem Bruder Pete und der schlaflos verbrachten Nacht? Bei der hysterischen Angst ihrer Mutter und dem im Schuh schmerzhaft eingepferchten kleinen Zeh? Bei den abgeschnittenen Zöpfen, die ihr gerade wieder eingefallen sind, die sie spontan befingert und deren fehlende Zentimeter sie noch einmal nachmisst? Bei der Schublade, in der sie ihre Kleider nicht finden konnte, oder beim Schulbus, den sie knapp verpasst hat? Mr. Brown, dessen Geduld zu Ende ist und der ihr verlegenes, in seinen Augen grundloses Schweigen nicht erträgt, schickt sie an ihren Platz, sie habe die Klasse und den Unterricht schon genug gestört, am Ende der Stunde müsse sie nachsitzen und den versäumten Test nachholen.

Die Schulglocke hat schon vor einer Weile geläutet, Schüler und Klänge haben den Klassenraum verlassen und der Schulbus ist pünktlich abgefahren, Mr. Brown korrigiert die Arbeiten und Minnie schabt mit ihrem angeknabberten Bleistift übers Papier, anscheinend ist sie doch nicht so gut vorbereitet, ihr brummt der Schädel, es ist ein Multiple-Choice-Test voller Fangfragen, manchmal springt ihr eine Frage ins Auge, die sie, wie sie meint, sicher beantworten kann, doch dann gerinnen Richtig und Falsch zu einem riesigen, schwarzen Fleck ohne Anfang und Ende. Mr. Brown hebt den Kopf und schaut in ihre Richtung, aber sein gleichgültiger Blick richtet sich ins Nirgendwo, dann senkt er ihn wieder auf seine Unterlagen. Gedankenverloren mustert Minnie ihre dreckigen Schuhe mit den löchrigen Sohlen, die an ausgetretene Ballerinas erinnern, und beginnt sich in imaginären Ballettsälen zu drehen, auf dem Parkett leichtfüßig auf- und abzuhüpfen, höher und höher, bis zur Decke, nur gibt es keine Zimmerdecke, denn in Träumen gibt es sie nie, die Augen fallen ihr zu, die Lider werden schwer und immer schwerer, ihr Blick trübt sich, bis ihr Kinn auf die Schulbank knallt, und da erst fällt ihr ein, dass B die richtige Antwort auf Frage 17 ist und der Buchstabe G die weltweit gültige Schwerkraft symbolisiert, die irgendwann einen jeden schlagartig auf den Boden der Tatsachen zurückholt.

Susan hat nicht vorgehabt, die Straßen nach Leto abzusuchen, doch im Lauf der Stunden ist ihre Sorge gewachsen, es lässt ihr keine Ruhe und sie schaut beim Sportplatz der Lions vorbei, wo die Mädchenmannschaft gerade die letzten Sprints vor dem traditionellen Match zum Wochenausklang macht, hält beim Eissalon des rothaarigen Charlton und bei Friedmanns Anarcho-Plattenladen, fragt bei Sylvia nach, der achtzigjährigen, unverheirateten alten Jungfer, die trotzdem darauf besteht, Mrs. Janetson genannt zu werden, und die beim ersten, fahlen Sonnenlicht einen abgenutzten Metallstuhl vor den Eingang des Mini-Markts ihres Bruders zerrt, um dort, so erklärt sie, ihre arthritischen Knochen auszuruhen, doch so sehr Susan auch sucht und fragt, sie findet keine Antwort, ihre Tochter ist wieder einmal verschwunden, so wie immer, wenn sie ihren Willen nicht bekommt, und Susan zermartert sich das Hirn, wo sie sein könnte, sie ist drauf und dran, alles hinzuschmeißen und aufzugeben, aber sie hat keine Wahl, setzt sich in den Wagen und fährt wie mit Autopilot an den einzigen Ort, zu dem ihre Tochter bestimmt nicht gehen würde, um sich zu verstecken, zur Mittelschule von East Camden. Schon vor einiger Zeit ist ihr klar geworden, dass alles Verschwundene, wonach sie aufgeregt sucht, stets auf unerklärliche Weise genau vor ihrer Nase und an dem Platz zu finden ist, wo es immer war.

Sie parkt den Wagen vor dem schmiedeeisernen Haupteingang, an dem »August 1968« steht, das in Stein gemeißelte und in den bleichen Zement eingelassene Baujahr des Gebäudes, und bleibt mit dem Autoschlüssel in der Hand wie angewurzelt mitten auf der Straße stehen, denn ihr sind die Wollmäuse eingefallen, die sie auch heute wieder unter den Teppich gekehrt hat. Selbst wenn Susan täglich Staub wischt, hat sich abends – wie, um sie zum Narren zu halten – auf den Möbeln erneut eine dünne Staubschicht gebildet. Als sie ein paar zögernde Schritte macht, um die Gedanken zu verscheuchen, und auf den Bürgersteig tritt, nimmt Susan gerade noch das Häufchen Mensch wahr, das gekrümmt an der Gehsteigkante sitzt und sich vorsichtig die schmerzenden Zehen reibt, bevor ihr die Beine versagen und sie neben Minnie zusammensinkt. Ihr ist schwindlig geworden, ihre Beine sind schwer, aber ihr Kopf ist ganz leicht, bestimmt, weil sie den ganzen Tag nichts gegessen hat, sie hat keine Zeit dafür gehabt und ihr Magen revoltiert, seit einem Monat schon hat sie Schwindelanfälle, man könnte meinen, aber nein, ausgeschlossen, die wenigen Male, die sie in der Stimmung sind, miteinander zu schlafen, treffen sie Vorkehrungen, ein Schauer läuft ihr über den Rücken und plötzlich friert sie bis auf die Knochen: »Was wäre, wenn?« Minnie weiß nicht, wie ihr geschieht, als Susan plötzlich neben ihr umkippt, Susan ist von Natur aus sehr schlank, so ist sie gebaut, so viel sie auch isst, sie nimmt nicht zu, trotzdem kann Minnie sie nur mühsam festhalten, damit sie nicht auf den kalten Zementboden stürzt, aber es gelingt ihr, Susan aufzufangen. Langsam kommt sie wieder zu sich, ihr hektisches Atmen wird ruhiger, schon fühlt sie sich besser, sie schlägt die Augen auf und kämpft gegen das Schwindelgefühl an, Minnie drückt sie noch fester an sich und Susan lächelt ihr zu. »Schon vorbei«, sagt sie. Schon vorbei.

Susan versucht, Minnie zum Einsteigen zu bewegen, Centerville liegt nicht weit weg, es ist zwar schon nach drei, bestimmt gibt es Stau und im Berufsverkehr müssen sie mit einer längeren Fahrzeit rechnen, doch Susan ist entschlossen, das Mädchen nach Hause zu bringen, sie hat es sich trotz Minnies Ablehnung in den Kopf gesetzt. Luisa hat Minnie beim Leben ihrer Mutter schwören lassen, dass sie niemals – egal, aus welchem Grund – in einen fremden Wagen steigen würde, daher schüttelt das Mädchen auch weiterhin den Kopf, gleichzeitig läuft ihr die Nase, bestimmt wird sie krank, das spürt sie, zu lange war sie mit der dünnen Jacke im Nieselregen unterwegs, sie niest und ihre Augen tränen, sie weiß nicht, was sie mit ihrem Ärmel zuerst abwischen soll. Trotz allem erlahmt nach und nach ihr Widerstand, Susan drückt sie sanft auf den Beifahrersitz, schiebt den Sicherheitsgurt klickend ins Schloss und gibt Gas, während Minnie zittert, aus Furcht und aus Dankbarkeit, ohne zu wissen, welches von beiden die Oberhand behalten wird. Als Susan ihr Zittern bemerkt, stellt sie die Heizung hoch, und als sich der alte Plymouth Cricket langsam in die Reihe der im Stau vorankriechenden Autos einfädelt, sinkt Minnies Kopf zur Seite, am Anfang der Kaighns Avenue schläft sie ein, mit halb offenem, sabberndem Mund, aus dem ein leises Schnarchen dringt. Susan atmet tief durch, es ist schon seltsam, wie mitten in einem Verkehrsstau ganze elf Ehejahre zu ein paar Bildern zusammenschnurren können: Durch das Seitenfenster mustert sie die alte Frau in dem grauen Sedan mit den knochigen Handgelenken und der Zigarette im Mund, die Susan selbst in wenigen Jahren sein wird, den dunkelhaarigen Unbekannten, der ihr den ersten, unbeholfenen Kuss im zerfallenen Baumhaus auf der Farm ihres Opas in Erinnerung ruft, die junge Mollige, die hinter dem Lenkrad bei Rot vor sich hin döst, und das traurige Mädchen mit dem straffen Pferdeschwanz, das sich wiederholt umwendet und ihr durch die Rückscheibe ihres weißen Chevrolet Blicke zuwirft, bis Susans durch Raum und Zeit wandernder Blick an dem Kindergesicht neben ihr hängen bleibt. Minnie schlägt die Augen auf und dehnt ihre Arme, und das bringt Susan in die rastlose Gegenwart zurück, in das stets dringliche und fordernde Hier und Jetzt.

Minnie läutet an der Tür, damit Luisa ihr aufmacht, am Morgen hat sie in der Eile die Schlüssel auf dem Küchentresen vergessen. Susan wartet im Wagen, bis das Mädchen ins Haus tritt, aber die Tür bleibt zu, und als Minnie mehrmals vergeblich läutet, steigt Susan aus. Sie fragt, ob es noch ein Fenster gebe oder eine Hintertür, und Minnie führt sie zum Küchenfenster, das schräg auf die Straße weist. Susan krümmt die Handflächen um ihre Augen, um das spiegelnde Sonnenlicht abzuwehren, und blickt durch die Scheibe, auch Minnie stellt sich auf die Zehenspitzen, um hineinzuspähen, aber es gelingt ihr nicht, sie müsste mindestens dreißig Zentimeter größer sein. Susan spürt den kühlen, auffrischenden Novemberwind, der aus Montreal und der fernen Arktis stammt und der ihr unter die Bluse fährt und alles erstarren lässt. Alles, bis auf die Zeit.

IV

Es liegt etwas im Nahebleiben von Männern und Frauen,
und in ihrem Anblick, und in ihrer Berührung
und ihrem Geruch, welche der Seele wohlgefallen,
Alle Dinge gefallen der Seele, doch diese gefallen der Seele wohl.

Walt Whitman, Den elektrischen Leib sing ich

Mrs. Mecca hat sich vor lauter Aufregung in den Daumen geschnitten und das Steinpilzrisotto ist ihr angebrannt, es hört
nicht auf zu bluten, schon sind die frisch gewischten Boden-
fliesen schmutzig, jede Sekunde fällt ein kleiner Tropfen.
Das Haus ist verlassen und leer, Mecca und seine Jungs sind
auf einem Begräbnis und ihre Töchter beim Mittwochschor.
Mrs. Mecca gehen jede Menge Gedanken durch den Kopf,
die felsenfest getroffene Entscheidung ihres Mannes, bei
den Wahlen für die Republikaner zu kandidieren, und das
Flüggewerden ihrer heranwachsenden Töchter. Kürzlich hat
sie Anna-Maria, die Jüngere, beim Rauchen erwischt. Sie
schlug ihr frech die Tür vor der Nase zu, und bei Constanza,
der Älteren, befürchtet sie, dass sie mit ihrer ernsten und
zurückhaltenden Art als alte Jungfer endet, ein bisschen
Koketterie hat doch noch keiner Frau geschadet. Am meisten aber quält sie das geschlachtete und gerupfte Huhn,
das sie heute Morgen, mit gespreizten Beinen öffentlich zu
Schau gestellt, in ihrem sonnigen Gemüsegarten gefunden
hat. Darauf stand mit schwarzem Filzstift die beleidigende
Aufschrift »DAGO GO HOME«.

Sie bekreuzigte sich dreimal hintereinander, stopfte den
Vogel in eine schwarze Mülltüte und ging hinüber zum katholischen Pfarrer, um seinen Rat einzuholen. Mecca hörte ja

nicht auf sie, auch wenn sie ihm zu Weihnachten die Leviten gelesen hatte, sie war nur eine Frau. Was mischte er sich in die Politik ein? Auch die Sache mit der Schwarzbrennerei lief aus der Hand. Verdiente er nicht genug Geld durch das Herrichten der Leichen auf den Totenbetten? Bot das Unglück der anderen nicht Glück genug? Meine Güte, er und sein maßloser Ehrgeiz! Als sie ihn kennenlernte, pflückte er Äpfel und Kastanien in Massachusetts und auf den Landgütern von Tyngsborough, er hatte keinen Cent in der Tasche und spielte sich als großer Liebhaber auf, aber sie hatte ihn gern, weil er ein ehrlicher Kerl war, weil man sich an seine breite Schulter lehnen, weil man auf ihn bauen konnte. Aber jetzt kippte dieser Bau wie der herrliche schiefe Turm von Pisa, sie wollte mit allen Mitteln verhindern, dass er seinen Kopf durchsetzte, sie wusste, dass sie ihren Mann nur in den Griff bekam, wenn er Angst hatte. Die kirchlichen Hofschranzen sollten sich irgendeinen Hinderungsgrund aus den Fingern saugen, bis ihr selbst klar war, wie sie weiter vorgehen wollte. Sie gab sich einen Ruck, ging zur bitteren Beichte und erzählte alles oder fast alles, nur das nicht, was sie direkt ins Gefängnis des Bundesstaates gebracht hätte, und als Beweis für ihr persönliches Ungemach diente die schwarze Tüte mit dem unglückseligen, rituell aufgeschlitzten Huhn.

Der alte Pfarrer Cristoforo Leone, mit grauem Bart und Schmerbäuchlein, verputzte gerade sein Gabelfrühstück auf dem Altar, missmutig und erschöpft von den ständigen Beschwerden und Reibereien unter seinen Schäflein wegen der Finanzierung des neuen Glockenturms. Wozu wollten sie mitten im tiefsten Winter ein Konzert mit Tombola organisieren? Er kaute das altbackene Brot und die Krümel fielen auf den Altar, winzige Zeugen seines Niedergangs und seiner Bedeutungslosigkeit. Wo sollten sie fünfundsiebzigtausend

Dollar für die Bauarbeiten hernehmen, wie viele Konzerte und Tanzabende sollte er noch auf sich nehmen im Namen des Herrn, der sich, wie die Kirchgänger behaupteten, eine wohlklingende Glocke wünschte, damit die flehenden Gebete der Menschen honigsüß an Sein Ohr drangen? Nachdem Mrs. Mecca das Kirchenschiff durchquert hatte, blieb sie vor ihm stehen. Pfarrer Leone verschluckte sich, fuhr in die Höhe und die Krümel rieselten zu Mrs. Meccas stillem Vergnügen von der Kutte auf den Tabernakel mit dem Allerheiligsten. Das allgegenwärtige und alles beherrschende katholische Schuldgefühl verschaffte ihr einen kurzfristigen Vorteil, da Gott, der Herr, ganz bestimmt keine vertrockneten Brotkrümel in Seinem Dom wünschte.

Pfarrer Leone hatte den Eindruck, dass sich in den letzten beiden Wochen wunderliche Dinge in seiner Kirchengemeinde zutrugen. Es war, als klingelte zu seltsamen, unregelmäßigen Zeiten ein boshaftes Glöckchen in seinem Inneren. Aber so sehr er sich auch den Kopf zerbrach, um das Rätsel zu lösen, er kam auf keinen grünen Zweig. Wie sollte er die Einladung des protestantischen Pastors Moore deuten, mit ihm eine delikate und vertrauliche persönliche Angelegenheit zu besprechen? Oder das heftige Pochen vorgestern an der Kirchentür, das sich zu keiner menschlichen Erscheinung verdichtete? Oder die überraschende Einladung der verwitweten Monica Sclavi zu einem privaten Abendessen, um ein Thema zu besprechen, das ihn indirekt betreffe – oder hatte sie direkt gesagt? Sein Gedächtnis hatte sich mit nutzlosen Erinnerungen und Begegnungen vollgesogen wie ein Schwamm. Hier ging etwas Seltsames vor, der Teufel schlief nicht, diese Sache hatte einen Pferdefuß. Leone, der aus Manduria in der Provinz Taranto stammte und in Sachen Pferdefüße erfahren war, würde aufpassen wie ein

Luchs, sein Mund mit sieben Siegeln verschlossen sein, bis er herausfand, was für dämonische Kräfte dahintersteckten und welchen böswilligen, bedenklichen Plan sie verfolgten. So ging er Mrs. Mecca gemessenen Schrittes entgegen und begrüßte sie mit der gebotenen Zurückhaltung.

»Satanisten!«, rief Pfarrer Leone aus, daran bestehe kein Zweifel. Dann untersuchte er das geschändete Huhn mit der rassistischen Parole und bat Mrs. Mecca, genau nachzudenken, ob noch andere schlimme oder ungewöhnliche Dinge vorgefallen seien, doch Mrs. Mecca senkte den Blick und presste ein »Nein« hervor, es sei nichts Verwunderliches oder Erwähnenswertes vorgekommen. Ihr Mann hatte ihr eingeschärft, die Kutte des Ku-Klux-Klan sei kein Faschingsscherz zur falschen Zeit gewesen. Einer seiner politischen Widersacher habe den Iren in der Stadt gesteckt, dass in Little Italy reger Handel mit schwarzgebranntem Grappa getrieben würde und ihnen selbst Geld durch die Lappen ging, nicht viel, aber doch, und dass sie die Sache auf schnellstem Wege klären sollten, eine Botschaft hinterlassen zumindest, eine Warnung, um die Konkurrenten zur Vernunft zu bringen. Bobby O'Ryan, Sohn eines protestantischen Vaters und einer katholischen Mutter, wurde als bezahlter Vermittler engagiert, und er benachrichtigte auch die alte puritanische, angelsächsische Garde, die ihre Werte gefährdet und die Jugend durch Drogen und gepanschte Drinks zu unzüchtigen Tänzen verführt sah. So fassten die beiden verfeindeten Lager, die Iren und die Briten, den Entschluss, mit vereinten Kräften vorzugehen, und sollte die Warnung nicht fruchten, gab es andere, einfallsreichere Mittel und Wege, die erfahrungsgemäß wirkten.

Bevor sich Mrs. Mecca eingestehen konnte, dass sie die eitle Kandidatur ihres Mannes nicht verhindern konnte,

hatte Pfarrer Leone bereits Wachtmeister Rigoletti einge-
schaltet. Der beunruhigende Vorfall könnte Panik auslösen,
sobald er sich in der kleinen italienischen Gemeinde her-
umsprach. Auf Mrs. Meccas gerötetem Gesicht spiegelten
sich Leones eigene Ängste, seine Unterlassungen und die auf
ihm lastende Verantwortung, und vor Mrs. Mecca, der tausend Fragen durch den gequälten Kopf schossen, erschien
in den Buntglasfenstern der Kirche die schemenhafte Gestalt
von Tony Mecca, der streng wie ein Rachegott den Zeigefinger hob und sie beschuldigte, einmal mehr habe sie Mist gebaut, alles zugrunde gerichtet, alles durcheinandergebracht:
»Sottosopra!« In ihrer Küche fügten sich die kunterbunten
Zutaten vielleicht zu gelungenen Gerichten, aber in seinem
Wahlkampf sei, wie auch in seinem Leben, jeder Schritt klar
vorgezeichnet und geplant, ausgeklügelt und wohl abgewogen.

Das zweite widerliche Huhn flog am folgenden Abend
durchs rechte Gartenfenster und landete im Wohnzimmer,
gerade als Mrs. Mecca ihrem Ehemann gut zureden und
von ihrem gestrigen Besuch erzählen wollte. Sie hatte dem
Wachtmeister und dem Pfarrer ein Schweigegelübde abgenommen, denn sie wollte ihrem Mann selbst alles auseinan-
dersetzen, auch den spontanen Entschluss, Fremde in eine
Familienangelegenheit hineinzuziehen. Aber bevor sie den
Mund aufmachen konnte, lagen sie und ihr Mann schon in
Deckung, und als sie die Köpfe hoben, um zu sehen, was aus
heiterem Himmel über sie hereingebrochen war, erblickten
sie Glasscherben und die Knopfaugen eines gut genährten
Hahns. Mrs. Mecca – die Aufregung war jetzt doch zu viel
für sie – schlug die Hand vor den Mund, eilte in die Küche und
konnte das Schluchzen nicht mehr unterdrücken. Sie würde
bestimmt kein Pollo Cacciatore mehr essen! Die Tränen,

die ihr in die Augen schossen, rieselten wie ein Frühlingsschauer auf Küchentresen und Boden.

Am selben Abend noch wurde im Erdgeschoss neben den Särgen und den zur Auslieferung bereitstehenden Schnapsballons ein Familienrat einberufen. Wachtmeister Rigoletti rutschte die ganze Zeit auf seinem Sitz hin und her, tat jedoch kein einziges Mal den Mund auf. Die ganze Geschichte missfiel ihm, und er wurde das Gefühl nicht los, dass an diesem Abend seine Karriere auf dem Spiel stand. Senator Spacey auf die Angelegenheit anzusprechen, schien ihm zu riskant und fruchtete bestimmt nicht, die meisten seiner Wähler waren verzopfte Angelsachsen, die alles beim Alten lassen wollten. Aber es war purer Selbstmord, sich mit den Iren anzulegen und ihren wirtschaftlichen Einflussbereich anzutasten, der den ganzen nördlichen Abschnitt der Ostküste umfasste. Sie mussten klug und in aller Stille handeln, sie mussten einen Deal schließen, der die Einnahmen der meisten Italiener und auch sein eigenes Bakschisch eventuell drastisch schmälerte, aber die ersehnte Einigung brachte. Dann konnten alle friedlich koexistieren, und ein jeder bekam genau den Anteil am Gewinn, der seinem Rang in den Schutzgeldrevieren und Flüsterkneipen in der Stadt und im Umland entsprach.

Tony Mecca hingegen plante, seine Einkünfte aus der Schwarzbrennerei zu erhöhen, und er strebte danach, seine Aktivitäten bis ins benachbarte Philadelphia auszudehnen, um seinen Wahlkampf zu finanzieren, und zwar genau jetzt, der Zeitpunkt war günstig wie nie. In ein paar Monaten würde man die neu gebaute Benjamin-Franklin-Brücke einweihen und ihrer Bestimmung übergeben, nur zwei Meilen trennten die beiden Städte, und das weltstädtische Philadelphia würde mit dem vielversprechenden und aufstrebenden Camden verbunden sein. Aber durch genau diese zwei Meilen konnte man im Handumdrehen ein Vermögen verdienen, schon sprach man vom epochemachenden Camden, einem zweiten Brooklyn, das immer mehr Gestalt annahm und, was Geschäfte und Größe betraf, nicht länger eine Satellitenstadt des dicht bevölkerten Philadelphia sein wollte; es gab Pläne für Wachstum und Investitionen, für großzügige Bauprojekte, für schöne Boulevards und gepflegte Straßen, für Parks und Luxushotels.

Die Stunden vergingen, es war schon fast Morgen und sie hatten immer noch keine Schlussfolgerung gezogen und keine Entscheidung gefällt, wie orientierungslose Hühner brüteten sie im Erdgeschoss vor sich hin und käuten immer dieselben Argumente wieder, bis Nontas das Wort ergriff und das Naheliegendste vorschlug: Sie sollten sich mit den Iren verbünden, ihnen den Grappa zum Großhandelspreis überlassen, dann könnten die Rotschöpfe selbst die Verteilung an Privatleute und Spelunken übernehmen. Ein solches Abkommen wäre kein Schaden und auch der halbe Gewinn immer noch hoch genug, darüber hinaus würden sie Zeit und Mühe sparen, müssten nicht mehr den ganzen Tag mit dem Leichenwagen durch die Gegend kutschieren, sondern könnten Produktion und Gewinn erhöhen. Kaum hatte er zu Ende gesprochen, blitzten Tony Meccas Augen auf, denn ja – »ma che cazzo!« – der Grieche hatte Recht, warum war er selbst nicht darauf gekommen, heute noch würde er einen Boten losschicken, ein geheimes Treffen vorschlagen und erklären, es sei an der Zeit, geschlossen und brüderlich vorzugehen, zum Wohle von Camden und der modernen Zeit, die sich am Horizont abzeichnete.

Das Treffen sollte auf neutralem Boden stattfinden, und man einigte sich per Handschlag auf das Hinterzimmer eines Blumenladens in Dudley, im Osten der Stadt. Abends verwandelte es sich in einen Spielclub, und während die Würfel, unter Zwischenrufen mit Wetteinsätzen und Seufzern voll griechischen Weltschmerzes, über den Boden rollten, schallten beim Einbruch der Nacht aus einem schlecht gewarteten und kratzenden, aber ohrenbetäubend lauten Grammophon Rebetiko-Songs und Lieder aus Smyrna. Unter Wolken von Tabak und Haschisch summte ein Dutzend Männerstimmen die Liebesklagen der berühmten Marika Papagika mit, immer wieder stöhnten sie enttäuscht auf, den Stammgästen stockte der Atem und das Klackern der Würfel trat an die Stelle ihres Herzschlags, bis die Spielfreude banger Erwartung wich.

Stamoulas war ein kleiner, unscheinbarer Mann, gerade mal eins sechzig, mit einer hässlichen Narbe am Hals, die von einem heftigen Sturz stammte; er war auf dem Baugerüst eines halbfertigen Hochhauses gestolpert und zehn Meter tief gefallen, wie durch ein Wunder hatte er überlebt. Sonntags zündete er bei jedem Wetter in der Agios-Georgios-Kirche in Philadelphia eine Kerze an, das hatte er Gott, dem Herrn, unter der Bedingung gelobt, dass er nie wieder auf die Schnauze fiel, und solange alles so blieb, hielt er sein Versprechen. Gott sei Dank warf der Blumenladen Geld ab, und was die Blumen nicht einbrachten, das verdiente er durch illegales Würfelspiel. Die Idee dazu war ihm eines Mittags auf dem Bau gekommen, als die Polen gerade ihren Tagelohn gegen die Italiener verspielten; eine abgewetzte Decke diente ihnen als Unterlage, straff gespannt, damit die Würfel schön geradeaus rollten. Stamoulas schob Wache, um sie vor neugierigen Blicken zu warnen, denn Glücksspiel war auf der Baustelle strengstens verboten, und sobald sich irgendein Schnüffler näherte, hämmerte Stamoulas an die Moniereisen zum Zeichen, dass Gefahr drohte. Dann wickelten sie die Würfel in die Decke und taten so, als seien sie unbeteiligte Passanten und rein zufällig hier.

Der Grieche überließ ihnen das Hinterzimmer neben dem Notausgang, in das gerade mal ein runder Tisch und fünf wackelige Stühle passten; es war schlecht erleuchtet und die vergilbten Wände schmierig und feucht. Sie rückten die Stühle zurecht und verteilten die Rollen: Neal, der Handlanger von Big Ray, der den Nordwesten von Camden beherrschte, stand parat, und Nontas passte an der Tür auf, dass sich nicht irgendein Streifenpolizist hereinverirrte, Tony Mecca und Big Ray saßen am Tisch, daneben Rigoletti und Bobby O'Ryan, die der Einigung als Zeuge und als Mittelsmann beiwohnten. Am Rand war ein Stuhl noch unbesetzt, und als sie einander zunickten, um das Gespräch zu beginnen, stürmte Pfarrer Leone ganz außer Atem herein, blickte jedem Einzelnen fest in die Augen und seufzte dann kopfschüttelnd: »O Herr, vergib uns unsere Schuld!« Sie senkten den Blick, denn an diesem Tisch waren alle durch die Bank fromme Katholiken und fürchteten die strafende Hand Gottes, selbst diejenigen, die noch nie eine Kirche oder Kapelle von innen gesehen hatten, wie Neal, der Pfaffen von Kind auf als Unglücksraben betrachtete; seine Eltern waren in Belfast in einer Kapelle ums Leben gekommen, zehn Bauchschüsse als Strafe dafür, dass sie Gründungsmitglieder von Sinn Féin waren. Um seine Rolle zu unterstreichen, bekreuzigte Pfarrer Leone sich dreimal bedächtig und gab die Parole aus, eine gewaltlose und einvernehmliche Lösung zu finden: »Friede sei mit euch, meine Kinder.«

Der heikelste Verhandlungspunkt war die Gewinnbeteiligung, den Iren passte die Aufteilung halbe-halbe nicht, die Makkaronifresser würden das Netzwerk der Iren zu Lande und zu Wasser benutzen, ihre Kontaktpersonen, ihre Lkws und ihre Boote, daher sollten sie ihre Ansprüche herunterschrauben, nur so würden sie den goldenen Mittelweg finden, aber Tony Mecca schaltete auf stur, da fünfundsechzig–fünfunddreißig, die Forderung der Rotschöpfe, reine Abzocke war, er hatte nicht vor, auf ihre Forderungen einzugehen, fünfundfünfzig–fünfundvierzig, nur so weit konnte er ihnen entgegenkommen. Big Rays Finger trommelten einen ungeduldigen Rhythmus auf dem Tisch, und da Reden nicht mehr half, nahm er seinen Hut und stand auf, mit ihm Neal, der mit dem Zeigefinger erst auf Tony und dann auf Nontas zielte und so tat, als würde er zweimal abdrücken. Dann ging er hinaus, während hinter ihm zwei lebende Tote versuchten, sich auf den Beinen zu halten. Noch waren sie am Leben, aber die Frage war, wie lange noch, und das hieß, sie mussten handeln und zwar schnell.

Tony schickte ihnen schnell Nontas hinterher, um doch noch sein Einverständnis zu geben: »Wir haben nichts mehr zu verlieren.« Nur, dass sich inzwischen die Gewinnbeteiligung geändert hatte, fünfundsiebzig–fünfundzwanzig, aber sie sollten nicht länger darauf herumreiten, Big Ray hätte Wichtigeres zu tun. Nontas kehrte zurück wie ein begossener Pudel, und am Abend ließen sich alle beim Griechen wortlos volllaufen, tranken Tsipouro und gepanschten Retsina und drehten sich Joints. Bis auf Pfarrer Leone waren alle stockbesoffen, weil sie nicht nur die Schlacht, sondern auch den Krieg verloren hatten. Tony Mecca hatte kein Talent zum Mafioso, er war ein armseliger, ängstlicher Emigrant, der Särge verkaufte, schwarz Grappa brannte, seinen Landsleuten half, so gut er konnte, und als Bürgermeister Karriere machen wollte, um ein für alle Mal den ängstlichen Makel der

Armut loszuwerden, den er schon als Kind auf den Straßen von Eboli mit sich herumgetragen hatte.

Als sich abzeichnete, dass die Dinge unwiderruflich ihren guten oder schlechten Gang nehmen würden, erhob sich Pfarrer Leone und ergriff das Wort. Er erzählte, er habe am Vorabend mit der Witwe Monica Sclavi zu Abend gegessen, die sich wiederverheiraten und nach Miami ziehen wolle. »Ja, und?«, blaffte Tony ärgerlich. Doch der Priester fuhr unbeeindruckt fort, ihr lieber, künftiger Gatte sei Protestant und sein Stammbaum reiche zurück bis zu den Urvätern am Seehafen Aberlady an den eisigen Küsten Schottlands. Wachtmeister Rigoletti konnte, bevor der Pfarrer endlich zum Thema kam, ein Gähnen nicht unterdrücken beim Gedanken an den fehlenden Schlaf, an die Morgenschicht und die Plackerei auf den Straßen von Centerville. Cristoforo Leone zündete sich eine Zigarette an und verschränkte die Arme zum Zeichen innerer Einkehr und Demut, dann ließ er den Blitz aus heiterem Himmel herabsausen. »In drei Monaten heiratet sie Joseph MacMillan, und Pastor Moore und ich werden gemeinsam die Trauung vollziehen«, sagte er. Danach folgte Stille, während er den Rauch und sein Grinsen zwischen Zunge und Zähnen begrub.

Die Nachricht schlug ein wie eine Bombe. Was hatte Monica Sclavi, die Frau ihres viel zu früh verstorbenen, brüderlichen Freundes Pietro Sclavi, mit dem verhassten Joseph MacMillan zu tun? Was hatte sie mit ihm zu schaffen? Das wollte ihnen nicht in den Kopf, umso weniger, da Pietro und Joseph von Jugend an verfeindet waren. MacMillan, so hieß es, leite den hiesigen Ku-Klux-Klan und reise ständig in die Südstaaten, um sich Regieanweisungen zu holen, jetzt habe er auch noch die Katholiken, die Roten und die Juden ins Visier genommen, MacMillans Rowdys würden nach und nach das Feuerwehr- und Polizeikorps infiltrieren und dort ihren Ungeist verbreiten. Aber das war nicht die ganze Wahrheit, denn die hatte ihm die Witwe Sclavi in allen Einzelheiten bei ihrem Tête-à-Tête im Kerzenschein erzählt. In Wahrheit waren Joseph MacMillan und Pietro Sclavi alles andere als Feinde, sie waren dicke Freunde und zeitweilig sogar Geliebte. Monica Sclavi hatte Leone auf das Kreuz Christi schwören lassen, dass er das Geheimnis mit ins Grab nehmen würde. Er war darauf eingegangen, denn auf ihren vollen Lippen erkannte er die fleischgewordene Sünde und auch den Teufel, der spöttisch mit dem Schwanz wedelte. »Verdammt und zugenäht!« Was hatte er mit fremden Angelegenheiten und der Lüsternheit der anderen zu schaffen? Er schnäuzte sich in sein Taschentuch. Was zählte, waren sein guter Wille, seine reinen Absichten und die runde Summe, die ihm die Witwe und ihr Verlobter als Gegenleistung für die unorthodoxe Trauung versprochen hatten, eine milde Gabe zur Errichtung des neuen Glockenturms.

Keiner gab es zu, aber ein jeder hatte ein geheimes Interesse daran, dass die Hochzeit ohne Blutvergießen verlief: Tony Mecca, weil er sich mit den Weißen Rittern und Großen Hexenmeistern des Ku-Klux-Klan gutstellen und verhindern wollte, dass sie weiter totes Geflügel über den Gartenzaun und durchs Fenster warfen; und weil er gut vorbereitet in den Wahlkampf ziehen und einen so großen Vorsprung erzielen wollte, dass er beim Deal mit den Iren doch noch eine höhere Gewinnbeteiligung am schwarzgebrannten Grappa herausholen konnte; Wachtmeister Rigoletti, weil er vielfältigen Nutzen davon hätte, wenn er beide Augen zudrückte und allen Beteiligten Straffreiheit und eine weiße Weste zusicherte; und Joseph MacMillan, weil er – über die späte Liebe hinaus, die ihn mit der früheren Schönheit und jetzigen Witwe Monica Sclavi verband – noch ein Stückchen reicher würde. Dabei belief sich sein Privatvermögen bereits auf mehr als siebenhunderttausend Dollar, in Zeiten wie diesen eine beachtliche Summe, die er – angeblich – mühsam im Schweiße seines Angesichts verdient hatte und zuerst in Aktien investierte, die in schwindelerregende Höhen schossen, und danach in Züge, die zwischen den boomenden Industriestädten der Ostküste hin- und hereilten.

Die Hochzeit wurde auf den 4. Juli 1926 festgesetzt. Zum einen wäre die Stadt vom Vortag an mit Fahnen und Lichterketten geschmückt, um die Unabhängigkeit von den britischen Kolonialherren zu feiern. Zum anderen würde an diesem historischen Tag die zwei Meilen lange Benjamin-Franklin-Brücke über den Delaware zwischen Camden und Philadelphia eingeweiht und zum ersten Mal ein Mensch seinen Fuß auf sie setzen. Die Trauung fand in der Kirche der Jungfrau Maria vom Berge Karmel unter Freudenrufen und Fanfaren statt, unter Späßen und Albereien und unter dem harschen, unerbittlichen Blick von Senator Spacey, der nur darauf wartete, dass Streit ausbrach und Messer gezückt wurden. Aber nichts geschah. Das war in ihrer kleinen Stadt noch nie dagewesen: Die Nachfahren der ersten britischen Kolonialherren fanden bei einer Hochzeitsfeier mit den italienischen Wirtschaftsflüchtlingen zusammen und überquerten Arm in Arm und Hand in Hand die Brücke. Es war wirklich unbegreiflich, anscheinend dämmerte in der Tat eine neue Epoche für Camden herauf, ein neuer, herrlicher Tag, an dem der glanzvolle Glockenturm sein wohlklingendes Läuten zu allen Ländern und Völkern dieser Erde aussenden würde.

Als die Hochzeitsgäste und die schaulustige Menge den Funkenregen des Feuerwerks betrachteten, das den Abend-

himmel mit der heraufziehenden sternenklaren Nacht zer-
teilte, stand Antonis Kambanis alias Nontas am anderen
Ende der Brücke und betrat den Boden von Philadelphia.
Er spürte einen Kloß im Hals, weil er an einer undeutlichen
Scheidelinie stand, weil die Grenzen sich ständig verscho-
ben und ihre Ungenauigkeit ihn einschränkte. Das gegen-
überliegende Camden wirkte wie eine hässliche Kleinstadt,
und es war hundert Mal besser, die hübsche Skyline von
Philadelphia mit ihren Hochhäusern und ihrer unbekannten
Aussicht zu betrachten. Doch er stand gegenüber und
konnte sich kein anderes Dasein vorstellen, dort drüben in
Camden war sein Leben, mit allem Freud und Leid. Diese
Erkenntnis schmerzte und überwältigte ihn, als die Hochzeitsgäste für die letzten Erinnerungsfotos zusammenrück-
ten, bevor es stockdunkel war. Als er von seinen ausgetre-
tenen, staubigen Schuhen aufblickte, sah er, wie die dünne,
sommersprossige Rothaarige auf ihn zustürmte und wütend
vor ihm stehenblieb, mit hartem Blick, die Fäuste geballt.
Aus dem Nichts, ohne jede Vorwarnung, stieß sie einen unartikulierten Schrei aus, wie Kriegsgeheul. Dann stürzte
sie sich mit aller Kraft auf ihn und die Zuschauer und die
Hochzeitsgäste erstarrten für einen kurzen Augenblick,
nicht länger als das Klicken einer Rolleiflex.

V

Über den Städten
folgt der Schatten des Falken
dem Taubenschwarm

Nick Virgilio

Susan Miller Kambanis spült die restlichen Teller und Gläser, die Haferflocken kleben hartnäckig an den Keramikschalen und die Tassen haben dunkle Kaffeeränder, schon wieder ist der Geschirrspüler kaputt und der Gefrierschrank dazu. Haushaltsgeräte haben einen eigenartigen Ehrenkodex, als würden sie miteinander absprechen, wann sie auslaufen oder schlagartig nicht mehr funktionieren. Vielleicht wollen sie uns auch an den Verschleiß erinnern, der unseren Gewohnheiten, Ausweichmanövern und guten Absichten innewohnt, daran, dass es eine Illusion ist, dass Silbergeschirr immer glänzt, dass Weißwäsche immer blitzsauber ist und dass Kleider duftend und gebügelt im Schrank liegen. Susan fliegt ein Staubkorn ins Auge, ein kleiner Fussel, vielleicht auch ein winziges Insekt, sie kann es nicht so genau sagen, und vernebelt ihren Geist und ihr Urteil, trübt ihren Blick, der versucht, sich auf das Naheliegende zu konzentrieren, auf ein Dutzend dreckiger Teller und Gläser, nicht mehr und nicht weniger, die gestern nicht abgewaschen wurden und vorgestern auch nicht, weil die Traurigkeit, die sie gerade verspürt, alt und vertraut ist. Mit ihr hat sie Länder und Meere bereist, die schon ewig existieren, ihretwegen hat sie die Tür versperrt, um sie am Hereinschlüpfen zu hindern, doch die Traurigkeit ist geschickt und durch die Ritzen eingedrungen und erfüllt nun die Wohnung mit schalem Nachmittagslicht. Susan und Basil sprechen nicht miteinander. Seit vorgestern haben sie kein Wort mehr gewechselt, aber wer zählt die Tage schon. Ein gestaltloser Embryo, das steht für Susan fest, fordert sie voll und ganz, Leto ist streitsüchtig und launisch, und ihr Mann ist ihr auch keine Hilfe, weil er nicht begreifen kann, was in seine Frau gefahren ist, die eigenmächtig eine lästige Verpflichtung eingegangen ist und einen zusätzlichen Esser ins Haus geholt hat. Seit vorgestern sitzt Minnie in Letos Kinderzimmer und weigert sich zu essen oder herauszukommen. Nur wenn es Nacht wird, blickt sie zu den Sternen hinauf, denn dort irgendwo muss ihre Mutter Luisa in ihrem Leben nach dem Tod wohnen. Minnie bittet sie auch heute Abend um Verzeihung, dass sie ihre Worte in den Wind geschlagen und den als Kind geleisteten Eid gebrochen hat. Gegen ihren Willen – sie wollte es wirklich nicht und es tut ihr so leid, das schwört sie, ihr war einfach so kalt – sei sie in den Wagen der Fremden gestiegen.

Während Minnie mit Gott, dem Herrn, der im Himmel wohnt, ein Schwätzchen hält, wird die Türklinke heruntergedrückt und die missgelaunte Leto mit ihrem Gipsarm tritt ins Zimmer und will wissen, wie lange Minnie noch in ihrem Zimmer bleiben will, wie lange sie sie noch mit ihrer Anwesenheit zu belästigen gedenkt. Leto lässt sich auf dem Bett nieder, das ihr zusteht, Minnie genau gegenüber, den Blick hinauf in den Himmel gerichtet und sie ausdrücklich ignorierend, aber Leto, die sich von solch stummen Tricks nicht einschüchtern lässt, fragt weiter. Sie will es wissen, es kann doch nicht sein, dass sie auf dem Wohnzimmersofa schlafen muss, wie lange soll sie ihre vertrauten eigenen vier Wände noch entbehren, in denen sie tun und lassen kann, was sie will, mit dem großen Poster von Rummenigge und mit dem kleinen von Matt Dillon, dem irren Typen. Allerdings hat das Wohnzimmersofa einen nicht zu leugnenden Vorteil, die Sicht auf den Fernseher, wo Leto jeden beliebigen Kanal einstellen und, nachdem die anderen schlafengegangen sind, verbotene Sendungen und Serien schauen kann wie die vom New Yorker Polizei-Lieutenant Theo Kojak, der eine Schwäche für Lollis hat und für harte, stundenlange Verhöre, und im wirklichen Leben Telly Savalas heißt, ihr Opa hat ihn einmal persönlich getroffen; oder die Serie »Barnaby Jones« mit dem pensionierten Privatdetektiv und seiner hübschen Schwiegertochter Betty, die ihm hilft, den Mord an Hal Jones, seinem Sohn und ihrem Mann, aufzuklären. Leto ist sicher, sie würde eine talentierte, eine geniale Privatdetektivin abgeben, grimmig und scharfsichtig, die ganz unverhofft auf die verblüffende, brillante Lösung kommt. Und während sie an die aktuellen Probleme denkt, die dringend geregelt werden müssen, stupst sie mit ihrem gesunden Arm Minnie an, die sich nicht rührt, rüttelt sie wach und schlägt ihr einen Waffenstillstand vor: »Feuer einstellen, over.« Zumindest, bis nach Mitternacht auf CBS die Wiederholung der dritten Staffel mit dem raubeinigen, unerbittlichen, supercoolen Kojak gelaufen ist.

Gerade als Leto das Zimmer verlässt und die Tür hinter sich ins Schloss wirft, tritt Basil nachdenklich über die Hausschwelle, ihm gehen die verrosteten Scharniere durch den Kopf, die bei jedem Öffnen der Haustür quietschen, das Laub, das die Regenrinnen verstopft, und die Fassade, die einen ordentlichen Anstrich nötig hätte, seit Monaten häufen sich die Reparaturen, aber er lässt alles zusammenkommen, bis es nicht mehr geht, bis es keinen Aufschub mehr duldet, bis es ihn aus seiner stoischen Lethargie reißt, mit der er sich sagt: Ein Tag noch, morgen mach ich's, bestimmt! Er hebt den Blick und sieht Letos Augen, in denen begreifliche Verwunderung liegt. An seinem Gesicht ist abzulesen, welche Gedanken ihn ständig quälen, und zum ersten Mal spürt er, dass er vor nichts und niemandem etwas verstecken kann, nicht einmal seinen Ekel vor dem Mann, zu dem er selbst langsam geworden ist. Wo sind all die Jahre und all seine Träume hin? Wer hat ihm seine Unbekümmertheit geraubt und wer ist dieses große blonde Mädchen, dass ihn Papa nennt, ihm aber gar nicht ähnlich sieht? Auch darin hat er versagt, Leben von seinem Leben zu spenden und seinen Samen einzupflanzen, stattdessen ließ er ihn in Kondomen und Laken versickern, die Rolle als Versager passt ihm wie angegossen, wie eine zweite Haut, wie ein zu enges Unterhemd, das ihn einschnürt und ihm seine überzähligen Kilos in Erinnerung ruft. Der Schwimmreifen, den er um seine Mitte trägt, könnte ihn aus Stürmen und peitschender See retten, und Basil, der von klein auf ein guter Schwimmer war, besonders beim Rückenkraulen, erinnert sich an seinen Vater Antonis, der ihm in Tampa, Florida, im Sommer 1946 beibrachte, wie man sich auf dem Rücken treiben lässt. Dort erzählte er ihm zum ersten und letzten Mal von der von Trauer umflorten Heimatinsel mit den aschgrauen Felsen und den weißen, verstreuten Häusern, von dem aktiven, aber schlafenden Vulkan, dessen Grummeln man an den Abenden in der Tiefe höre, und von ihrem Dorf Emporios, das auf dem Bergrücken im Sonnenuntergang liege. Als sie sich mit dem gemieteten Sedan über den Highway I-95 auf den Heimweg machten, sagte Antonis Kambanis kein einziges Wort, eine tiefe Traurigkeit hinderte ihn am Sprechen, auf der ganzen Heimfahrt umklammerte er das Lenkrad und betrauerte den Körper seiner toten Mutter, die in der Ferne gestorben war, ohne dass er sie beweinen konnte. Zugleich betrauerte er seinen eigenen Körper, der – »Erde zu

Erde, Staub zu Staub« – eine fremde, unwirtliche Erde nähren wird.

Basil Kambanis bleibt an der Küchentür stehen, stützt die rechte Hand schwer auf den Türrahmen, als zögere er, die gedachte Linie, die ihn und Susan seit gestern trennt, zu übertreten. Susan steht abgewandt, ihr Rücken ist gebeugt, ihr Nacken die verlängerte Linie ihrer Hände, die niemals ruhen, als wären sie vom Anbeginn der Zeit zu ewiger Bewegung bestimmt, und die einander beistehen, um das, was sie miteinander verbindet, nicht aufzustören. Als Basil den nächsten Schritt überlegt, vor oder zurück, und die Durchlässigkeit der Demarkationslinie prüft, rutscht Susan einer von den guten Porzellantellern aus der Hand und zerschellt krachend in der Spüle. Beide sind durch das plötzliche Missgeschick überrascht, das mit dem unsichtbaren Feind in ihrem Inneren zu tun hat, der keine Rücksicht kennt, weder auf Basils Angst noch auf Susans Sturheit, weder auf Susans Traurigkeit noch auf Basils Tendenz, Dinge aufzuschieben. Das Unglück ist immer ein ungeladener Gast und durchbohrt ein Haus wie ein beharrlicher Holzwurm. Auch wenn es noch steht, ist es von innen bereits morsch, ohne Saft und Kraft. Basil Kambanis macht kehrt, tritt durch die Hintertür nach draußen und setzt sich auf die hölzernen Verandastufen.

Seine Gedanken sind wirr und verzweigt wie die nackten Äste des Roten Maulbeerbaums, der das Haus beschattet. Vor zwei Monaten hat man ihm ein Angebot für das Diner gemacht, auf dem Grundstück soll ein Parkplatz entstehen für die benachbarten Anwalts- und Steuerberaterkanzleien. Keine große Summe, aber auch kein Schleuderpreis, sie könnten einen Neuanfang machen an einem anderen, freundlicheren Ort, er ist noch nicht zu alt dafür, mit dreiundvierzig ist er noch jung, auch wenn er seit seinem sechzehnten Lebensjahr arbeitet. Vielleicht hat er sein Leben lang die falschen Entscheidungen getroffen und jetzt ist der Zeitpunkt gekommen, um alles auszugleichen, er könnte die Schulden abbezahlen und die Doppelhaushälfte so gut es geht verkaufen, schon allein, um der Tyrannei von Reparaturen und Instandhaltung zu entgehen, und sie könnten von vorn beginnen. Aber irgendetwas bindet ihn an diesen Ort. Nicht, dass er viele andere kennen würde, er ist nicht viel herumgekommen, er hat Angst vor Veränderung, Angst, sich ganz neu zu erfinden. Dazu kommt das dunkelhaarige Mädchen, das ihn erschreckt mit seinen schwarzen Augen, dem durchdringenden Blick und den ungleichen Zöpfen; das menschliche Leid erschreckt ihn, die Verlassenheit und die Armut. Wie lang braucht das Jugendamt, um für sie ein Unterkommen und eine Pflegefamilie zu finden? Er hat von Fällen gehört, die sich Monate, wenn nicht Jahre hinziehen. Was ist in seine Frau gefahren? Wann ist sie einfach hingegangen und hat die Papiere unterschrieben, ohne dass er irgendetwas mitbekam? Wie kommt sie dazu, das Begräbnis der Mutter zu regeln? Und jetzt wohnt ein Gespensterkind bei ihnen mit bodenlosen, dunklen Augen, seine Traurigkeit lässt sie alle verstummen und ihre eigene Leere fühlen. Er wird das Diner verkaufen, es hat keinen Sinn weiterzukämpfen, mit all den Schulden, die sich Tag für Tag anhäufen. Aber am meisten schmerzt ihn, seltsam genug, die Frage, wie er es seinen Mädels beibringen soll, Sally und Veronica, die keinen Cent für die Rente beiseitegelegt haben. Sein einziger Halt ist die alte Rote Maulbeere, die am Fuß des Stammes seine Initialen trägt, B.K, seinen eigenen kleinen, geheimen Anspruch auf die Ewigkeit, und er weiß, dass der uralte Baum, auch wenn er selbst nicht mehr ist, seine

Markierung tragen wird, zwei Buchstaben, dazwischen ein winziger Punkt, sein ganzer Stammbaum.

Susan sitzt auf einem Hocker am Küchentresen und isst allein, den Blick zur Wand gerichtet, Leto verschlingt ein Stück Pizza vor dem Fernseher, wo Basketball läuft. Obwohl sie diesen Sport langweilig findet, weil er so unglaublich vorhersehbar ist und am Schluss immer der Bessere gewinnt, findet sie Magic Johnson faszinierend, den lächelnden Riesen der Los Angeles Lakers mit dem wachen Blick, der die unwahrscheinlichsten Pässe wie durch Magie meistert. Basil bleibt neben ihr stehen, als interessierten ihn die Zweikämpfe, der Körpereinsatz, die Abschirmversuche der unterlegenen Partei, der nicht geglückte Durchbruch, der abgefangene Pass und schließlich der blitzschnelle Überraschungsangriff, der mit Korb und Foulpfiff endet, und gerade als er etwas sagen will, und sei es auch nur eine nichtssagende Bemerkung über das morgige, unbeständige Wetter mit dem vorhergesagten schwachen Südwestwind, über die Telefonrechnung, die übermorgen fällig wird, über den Benzinpreis, der auf einen Dollar fünfzehn geklettert ist, über das neue Tempolimit, das eingeführt wurde, um in der Ölkrise Treibstoff zu sparen, und über seinen Kontostand von zweitausend Dollar und ein paar Cents, an denen die Inflation nagt. Er hat nichts gegessen, sein Atem geht schwer und riecht säuerlich. Am liebsten würde er etwas essen, nur um den billigen, selbstverständlichen Satz »Mir ist schlecht« zu vermeiden. Doch Worte und Gedanken kann man nicht essen, und sie machen auch nicht satt, sie nähren einen nur mit Illusionen. Während er zögert, was er sagen und tun soll, macht Magic Johnson mit einem Sprung, der die Schwerkraft zu überwinden scheint, einen Korb. Gleichzeitig fischt Basil den letzten und von Leto für den Schluss aufgehobenen Bissen, den knusprig-krossen Pizzarand, von ihrem Teller. Danach ist er bereit, sich allem zu stellen, seinem leeren Magen, dem zornigen Aufschrei des Mädchens und dem Schweigen seiner Frau, einem Schweigen, das über den Boden kriecht, den Tresen mit den Hockern entlangtänzelt und schließlich in die Küche hineintorkelt.

Susan bereitet das Essen für Minnie vor, ein tiefer Teller mit klein geschnittenem Gemüse, ein Butterbrot und ein Stück Bitterschokolade zum Nachtisch. Basil öffnet den Kühlschrank und muss sich für irgendetwas entscheiden, und obwohl er keine Lust auf Kohlenhydrate hat, suchen seine Hände automatisch die Zutaten für Pesto zusammen, die Spaghetti landen im Kochtopf, und während er wie hypnotisiert in die blaue Gasflamme starrt, die aus dem Brenner schlägt, zerkleinert der Blender die Zutaten und das frische Basilikum übertönt den schalen Geschmack, den er seit Tagen im Mund hat von den mittäglichen Pommes im Diner und den unzähligen Zigaretten, die er auf dem Parkplatz des Restaurants und zu Hause heimlich auf der hinteren Veranda raucht. Während er sich schnell ein paar Bissen in den Mund stopft, kehrt Susan in die Küche zurück und donnert los: »Du weißt genau, dass ich es nicht leiden kann, wenn du schlechte Laune verbreitest!« Eine leise Traurigkeit überkommt ihn, sein Magen verkrampft sich und der Bissen bleibt ihm im Hals stecken, will nicht vor und nicht zurück, doch trotzig beschließt er, auch diese Beleidigung hinunterzuschlucken, er schiebt den Teller zurück und, die Gabel krampfhaft in der rechten Hand, verkündet er seine Entscheidung, das Restaurant und das Haus zu verkaufen. Beide Immobilien laufen auf seinen Namen und sind sein rechtmäßiges Eigentum.

Auch das ungeborene Kind gehört rechtmäßig ihm, ein Teil zumindest oder genau die Hälfte, wenn man es auf die Waagschale legen würde, ein Lungenflügel, eine Herzhälfte, eine Niere und die halbe Gallenblase. Susan fällt der gestrige Schwangerschaftstest im Bad ein, ein dunkelbrauner Ring in der Mitte des rotgoldenen Kreises, hervorgegangen aus drei Tropfen Urin. Sie stellt sich auf die Zehenspitzen, als wolle sie erproben, ob ihre Fußsohlen das erforderliche Durchhaltevermögen für einen Marathon durch den Urwald besitzen. Dort lauern die abgründigen menschlichen Triebe, die Klauen anstelle von Gesichtern und Händen haben, mit denen sie sich die schiefen, Gift und Galle speienden Mäuler vollstopfen. Während sie lautlos Tage und Monate zählt, berechnet der Mutterinstinkt die Größe des Embryos, kaum zwanzig Zentimeter, ein wirres Knäuel aus ersten, zögernden Fußtritten, kindlichen Umarmungen, pubertären Luftsprüngen und schließlich erwachsener Zuneigung. Doch Basil und sie werden das alles nicht miterleben, Susans einziger Wunsch ist, es vor dieser harschen, unmenschlichen Welt zu bewahren. All ihre Fehler, ihre kleinen Niederlagen und ihre großen Enttäuschungen ziehen an ihr vorüber, als spürte sie erneut den Regenschauer, der in Woodstock zum Unwetter ausartete. Wieder einmal fragt sie sich, wie so viel Liebe, so viele Träume, so viel Hoffnung in Schlamm und Dreck enden konnten.

Der Plymouth Cricket wird langsamer, Susan hat kaum Sicht, seit dem Morgen regnet es ununterbrochen, die Straßen sind schlecht asphaltiert und von Schlaglöchern übersät, die sich mit schlammigem Wasser gefüllt haben. Die Scheibenwischer ziehen hin und her, die Ampel springt auf Rot und dann auf Grün. Sie nähert sich ihrem Ziel, Cherry Hill, der Vorstadt mit der gut situierten dritten Einwanderergeneration von Polen und Italienern, Juden und Griechen, der lebende Beweis des amerikanischen Traums, ein Viertel, das mit breiten Straßen prunkt, mit ausgedehnten Grundstücken, mit geräumigen, gutbürgerlichen, uniformen Wohnhäusern und leuchtend grünen Rasenflächen, mit Basketballfeldern und Tennisplätzen, mit privaten Clubs und öffentlichen Schwimmbädern, mit Freizeiteinrichtungen und Privilegien, die zu Ärzten und Rechtsanwälten passen, zu neureichen Buchhaltern und Finanzfachleuten, die behaupten, sie hätten die Ölkrise vorhergesehen, zu Geschäftsleuten, die an der Börse mit Derivaten und mit künftigen Verträgen spekulieren, zu verbeamteten Universitätsprofessoren, die von Dienstreisen zu fernen Kongressen träumen, und zu vielversprechenden Wissenschaftlern, die eine strahlende, globalisierte Zukunft und völlig neue Kommunikationsformen voraussagen, die die Menschheit revolutionieren werden. Susan bleibt in ihrem kleinen Plymouth die Luft weg, der Gurt schnürt ihr den Bauch ein, sie hat sich heute gewogen und gemerkt, dass sie ganze fünf Kilo zugenommen hat, ihre Brüste sind angeschwollen und die Wangen aufgedunsen. Während sie hin- und hermanövriert, um den Schlaglöchern auszuweichen, taucht zum ersten und letzten Mal das Gesundheitszentrum »Amazone« vor ihr auf, eine kleine selbstverwaltete Klinik. Eine Handvoll Feministinnen hat sie im wahrsten Sinn des Wortes Stein für Stein aufgebaut und Ärzte und Krankenschwestern mit demokratischen Überzeugungen eingestellt, um den selbstverständlichen Anspruch auf das unveräußerliche Recht auf Selbstbestimmung und Schwangerschaftsabbruch gegen den konservativen Zeitgeist durchzusetzen. Nachdem Susan die Klinik betreten und die Informationsbroschüren mit den nutzlosen Statistiken und langweiligen Informationen überflogen hat, geht sie auf die dunkelhaarige Amazone zu, die mit glänzender Igelfrisur und kunstvollen Tätowierungen auf Armen und Hals und in einem ärmellosen verblichenen Jeanshemd an der Rezeption sitzt, und kann sich die Frage nicht verkneifen: »Tötet ihr eigentlich nur männliche Föten?« Wenn Blicke töten könnten…

Doktor Ulven erläutert ihr im Sprechzimmer langsam und anschaulich, was passieren wird, wobei er sadistisch jeden Satz betont: Er werde schrittweise den Gebärmutterhals dehnen und ein Saugröhrchen in die Gebärmutter einführen. Dabei muss sie an den Staubsauger denken, der hinter der Küchentür verborgen steht, jederzeit einsetzbar, wenn ein kleines Missgeschick passiert ist. Dann werde er das Ungeborene zusammen mit der Schleimhaut absaugen und die Gebärmutter mit einer Curette ausschaben, damit keine Gewebereste zurückbleiben. Dabei denkt sie an den Fensterabzieher, mit dem sie bei ihrem Einzug die Scheiben streifenlos rein gewischt hat. Alles werde nur ein paar Minuten dauern, unter der Narkose werde sie nichts spüren und man werde sie von der Last befreien, die sie auf den gynäkologischen Stuhl geführt hat, und wenn sie schließlich aus der Narkose erwache, würde man sie ein paar Stunden zur Beobachtung dabehalten und ihr dann ein Taxi rufen. Es sei ein Fehler gewesen, dass sie ihrem Mann gesagt habe, er brauche für den Eingriff nicht mitzukommen. Was habe sie sich dabei gedacht? Dass sie einfach aufstehen und ein Kilo leichter zum Auto marschieren und nach Hause fahren würde? Alles müsse doch seine Ordnung haben, sagt der Arzt, und die Schwester nickt zustimmend und spritzt ihr das Narkosemittel. Es gibt keinen Weg zurück, sie kann nicht mehr länger hin- und herüberlegen, im Nachhinein wird sie sich selbst einreden, dass sie gut und richtig gehandelt hat. Ihr Mund wird taub, ihre Hände quellen auf, als lägen sie unter Wasser, und ihre Augen werden schwer und versinken in einem dunklen Blau, das sich in abgrundtiefes Schwarz verwandelt.

»Es war ein Junge«, sagt Schwester Alicia mit leisem Bedauern, als Susan aus der Narkose erwacht. Alicia hat drei Kinder geboren, doch einen Stammhalter hat Gott ihr nicht geschenkt, bei jeder weiteren Schwangerschaft war es wieder nur ein Mädchen. Aber sie wollte einfach keins mehr! Was sollte sie anderes tun als Susan? Sobald sie das Geschlecht wusste, machte sie kurzen Prozess, und jetzt, mit weit über vierzig, hat sie sich damit abgefunden, dass es bei ihr und ihrem Mann Myron nichts mehr wird mit einem Jungen, Gott hat sie nicht mit einem männlichen Samen gesegnet, in ihrer Gebärmutter wachsen nur Mädchen heran, nur Blüten ohne Stiele. Jedes Mal, wenn sie bei der Abtreibung eines männlichen Fötus ein Gefühl der Ungerechtigkeit empfindet, dann kann sie ihren verdammten Mund nicht halten, und obwohl bereits einige Beschwerden über ihre unpassenden Kommentare vorliegen, geht es den Amazonen gegen den Strich, sie zu entlassen. Alicia ist fast fünfzig und stammt aus Ghana, und die Feministinnen hier – »Was für gute Frauen«, murmelt sie – respektieren Minderheiten und Quoten und leben dafür, Verfolgten jeder Art und jeder Herkunft beizustehen.

Während Alicia zwischen den Zähnen die ewig gleichen altmodischen Argumente murmelt, die Wörter zerhackt und wiederkäut, packt Susan ihre Hand und zieht heftig daran, um das Gebrabbel zu unterbinden, das ihr die ganze Zeit in den Ohren klingt. Alicia verstummt – nicht, weil die zupackende Hand sie zur Räson gebracht hätte, sondern weil sie sich gerade auf die Zunge gebissen hat und der Schmerz scharf und schneidend ist. Jetzt spinnt sie keinen Faden aus unbegreiflichen Worten mehr, daher sind die skandierten Parolen immer lauter zu hören, die die Klinik einkreisen. Sie stammen unisono aus den Mündern einer gleichförmig gekleideten Menge, die sich vor den Eingangsstufen versammelt hat und hasserfüllte Plakate hochhält. Sie tragen runde christliche Abzeichen am Kragen und fordern lauthals die endgültige Schließung der Kliniken des Satans, wo tagtäglich willkürlich Menschen getötet werden. Es sind Sektenmitglieder, die einen erschreckenden Anblick bieten, kurz geschorene junge Männer in kurzärmeligen weißen Hemden, schwarzen Krawatten, dunklen Hosen und Halbschuhen, und junge Frauen, blond, in gut gebügelten Kostümen und in weiten, pastellfarbenen Jacken, mit passenden Handtaschen und unauffälligen, flachen Schuhen, und alle zusammen schwingen ihre missionarische Wahrheit, die heiligen Bücher Mormon und »Die Köstliche Perle«, über den Köpfen einer Handvoll verdutzter Passanten. Die fragen sich, was zum Teufel in ihrer ruhigen, friedlichen Vorstadt vor sich geht, halten Abstand und gehen dann weiter. Bevor die lokale Polizei unter Sheriff Nick Pappas, einem Griechen der zweiten Generation, einschreiten kann, geht die Eingangstür der Klinik einen Spalt auf. Die Direktorin schätzt die Werte der Demokratie und hat unglücklicherweise vor, mit der Sekte ins Gespräch zu kommen. Da klatschen eine Palette Eier, ein Eimer mit roter Farbe und eine Stinkbombe an die Holztür und an die Mauern, worauf sich die jungen Männer und Frauen zum Rückzug formieren: »Kehrtwendung und Abmarsch!« Und so mit Leib und Seele überzeugt, wie sie gekommen sind, kehren die tiefgläubigen Küken in ihr Nest zurück, in die Kirche Jesu Christi der Heiligen der Letzten Tage, die zwei Häuserblocks entfernt liegt und den

Propheten Nephi und den großen Gründer Joseph Smith seligpreist, der 1805 im nahegelegenen Sharon, Vermont, geboren und im biblischen Palmyra, New York, aufgewachsen ist.

Die Polizei von Cherry Hill kam auffallend spät, ganz anders als es in ihrem kürzlichen, eindrucksvollen Jahresbericht zu Wachsamkeit und Pflichterfüllung steht. Es kam zu keiner Festnahme und auch zu keiner Anzeige, die Leiterin der Klinik wollte einem, wie sie hoffte, vereinzelten, traurigen Rückfall ins Mittelalter keine übermäßige Bedeutung beimessen. Die regionalen Fernsehsender verewigten den Skandal durch die Befragung von Passanten, die ihre fünfzehn Sekunden öffentlicher Aufmerksamkeit genossen und für gemeinnützige Statements zu Abtreibung und sonstigem Dämonenglauben nutzten. Die Vermehrungswut der Mormonen ging in Pennsylvania und New Jersey vielen gegen den Strich. Als alle nach Hause gegangen waren, der Regen nachließ und das monotone Prasseln an den trüben Fensterscheiben verstummte, blieb ein gespenstisches Dämmerlicht zurück, das auf Alicias rundliches Spiegelbild in der Glasscheibe fiel. Sie begleitete Susan zum Ausgang, wo schon ein Taxi wartete, und obwohl der Aufruhr so plötzlich vorbei war, wie er begonnen hatte, dachte Susan für einen Moment, das blutrote Mal an der Tür verrate einen abscheulichen, vorsätzlich geplanten Mord. Der eklige Gestank der Buttersäure steigerte Susans Verwirrung, sie war schweißgebadet, beim Einsteigen ins Taxi wurde ihr schwarz vor Augen, und als sie, in Decken eingewickelt, in ihrem Ehebett erwachte, machte sie die erstaunliche Feststellung, dass sie weder riechen noch schmecken konnte. Sie nahm den Verlust als verdiente Strafe des Himmels hin, die sie ihr Leben lang wie eine Märtyrerin ertragen würde. Dann legte sie sich wieder hin und atmete auf, zum Glück waren sie und Gott jetzt quitt.

VI

Ich habe gesagt, dass die Seele nicht mehr ist als der Körper,
Und ich habe gesagt, dass der Körper nicht mehr ist als die Seele,
Und nichts, nicht einmal Gott, ist einem selber größer als das eigene Ich,
Und wer immer eine Achtelmeile ohne Mitgefühl geht,
der geht zur eigenen Beerdigung, in sein Leichentuch gehüllt...

Walt Whitman, Gesang meiner selbst

Der Aufruhr, der auf der Benjamin-Franklin-Brücke entstand, während das brillante Feuerwerk gezündet und Erinnerungsfotos gemacht wurden, richtete sich einzig und allein gegen seinen Verursacher Antonis Kambanis, auch bekannt als Nontas. Die kleine Rothaarige, mit zwanzig auch nicht mehr ganz taufrisch, heulte zum Steinerweichen und drohte den Umstehenden mit den Fäusten. Besonnene Zuschauer drängten sie beiseite und versuchten vergeblich, sie zu beruhigen und zur Vernunft zu bringen. Ein solcher Zwischenfall während einer Hochzeit, wo so viel auf dem Spiel stand, war ein böses Omen, wenn man an göttliche Vorzeichen glaubte. Pfarrer Leone passte das, was sich hier abspielte, überhaupt nicht. So etwas war nicht nur Wasser auf den Mühlen des abergläubischen Volkes, sondern es waren verborgene, alarmierende Kassandrarufe. Daher schritt Leone lieber bedächtig zum Ende der Brücke, bis sich die Gemüter wieder beruhigt hätten. Die von Natur aus neugierige und hartnäckige Mrs. Mecca hingegen befahl ihren Töchtern, bei ihrem Vater zurückzubleiben, und näherte sich mit gebotener Vorsicht dem seltsamen Wesen, das offenbar überhaupt nicht sprechen konnte. Von unbeteiligten, aber gut informierten Spaziergängern erfuhr sie, das wie besessen schreiende Mädchen sei eine entfernte, taubstumme Cousine von Bobby O'Ryan und Hausmädchen in einem der prächtigsten Häuser in der Cooper Street, das dem bekannten Architekten Hyland gehörte. Dessen Frau Sarah habe sie ohne Vorbehalte ganz jung in Dienst genommen. Was gibt es Besseres und Idealeres auf der Welt als ein Hausmädchen, das nichts ausplaudern und nicht über ihre Herrschaft herziehen kann? Helga war zweifellos unersetzlich und aus dem dreigeschossigen Prachtbau nicht wegzudenken.

Mrs. Mecca versuchte zu begreifen, was geschehen war und was hinter der wütenden Attacke der ansonsten scheinbar reizenden Helga gegen ihren Mitarbeiter Nontas steckte. Währenddessen warf ihre jüngste Tochter Anna-Maria dem jungen Neal, Big Rays Handlanger, rotwangig und muskelbepackt, wie von einem antiken griechischen Bildhauer gemeißelt, heimliche Blicke zu. Je verlorener der schweißgebadete Neal dreinblickte in seinem zu engen Anzug, das Gilet bis oben hin zugeknöpft und den zu großen Hut schief auf dem Kopf, umso anziehender wirkte er auf die jungen und vielleicht auch älteren Damen, zumindest dem Blick nach zu schließen, den ihm die verwitwete und frisch verheiratete Monica Sclavi schenkte. Der ruhte schließlich nur kurz und flüchtig auf ihm, ganz anders als Anna-Marias forschender Blick, der über den kräftigen Rücken und die starken Schultern wanderte und jeden sichtbaren und unsichtbaren Zentimeter seines Körpers untersuchte, bis sich ihr Vater, Tony Mecca, spontan vor sie schob und jede weitere Vermessung körperlicher Vorzüge verhinderte. Stattdessen schickte er sie zu Pepito, der ihm filterlose Camel bringen sollte, und während sich seine Tochter auf der Suche nach dem dumpfbackigen Pepito mit steinerner Miene durch die Menge drängte, tauchte plötzlich Neal wie ein deus ex machina vor ihr auf. Zwinkerte er ihr vielsagend zu? Hatte er gemerkt, dass sie ihn musterte, oder hatte es ihm jemand gesteckt? Warum grinste er ordinär? Mit welchem Recht trat er näher und berührte ihre Hand? Und was flüsterte er ihr hitzig ins Ohr? Als Mrs. Mecca zurückkehrte, unangenehm berührt von den Gerüchten über Nontas, die heimlich die Runde machten, stieß sie heftig mit ihrer Tochter zusammen und rief ungnädig: »Verdammt, du sollst dich doch nicht von deinem Platz rühren!« Da war Neal schon wieder im Gewühl untergetaucht, aber seine Andeutungen ließen Anna-Maria nicht los, und Ärger war vorprogrammiert. Was hatte er ihr zugeraunt? Was war abends auf Petty Island los? Und wieso hatten sie und ihre Freundinnen davon nichts mitbekommen, wo sie doch alle Treffpunkte von A bis Z kannten? Aber wie sollte sie ohne eigenes Boot und ohne Begleitung heimlich auf die Insel kommen? Keinesfalls konnte sie allein hingehen, das war zu gefährlich, sie musste einen Helfershelfer finden, und Nontas Kambanis, sie warf ihm einen taxierenden Blick zu, könnte der geeignete Mann sein. Mit den anderen Laufburschen ihres Vaters war nicht zu reden, da konnte sie nichts aushandeln, die würden sie verraten und in größte Schwierigkeiten bringen. Schon war der Plan ausgetüftelt. Sie war überzeugt: Wer wagt, gewinnt! Nur ihre Mutter, die Schnüfflerin, die überall ihre Nase hineinsteckte, durfte von der Sache keinen Wind bekommen.

Mrs. Mecca nieste drei Mal hintereinander; jeder wusste, dass sie auf Hausstaub empfindlich reagierte. Sie fuhr mit dem Staubwedel über die Möbel und in die Ecken und summte ein altes Lied über eine unerwiderte und unerfüllte Liebe, dann stieß sie die Fensterläden auf und ließ frische Luft herein. Von der feuchten Hitze in diesem Jahr waren alle erschöpft, es war der heißeste Sommer, den sie je in

Camden erlebt hatte. Durch die kühle Brise, die sanft mit den Häkelgardinen spielte und den restlichen, auf Wänden und Lampen sitzenden Staub hochwirbelte, konnte sie nach all den schwülen Tagen und stickigen Nächten endlich aufatmen. Plötzlich überkam sie ein ganz unerwartetes Gefühl, eine ihr unbekannte Ruhe, als hätte sich mit einem Schlag alle Hausarbeit von selbst erledigt. In der Zwischenzeit plauderte Anna-Maria im Garten mit Nontas, dem man nahegelegt hatte, seine Pflichten ruhen zu lassen und ein paar Tage unterzutauchen. Nach dem aufsehenerregenden Vorfall an der Brücke befürchtete man einen Racheakt, auch wenn Bobby O'Ryan sich vom Schicksal seiner entfernten taubstummen Cousine ungerührt zeigte und sie Dritten gegenüber als überspannt und weltfremd bezeichnete. Währenddessen las Mrs. Meccas ältere Tochter Constanza im Dachgeschoss wieder einmal Romane, Gott bewahre, diesmal von irgendeiner seltsamen Woolf, von der keiner je etwas gehört hatte. Ihr Mann saß im Beerdigungsinstitut, das er heute Abend aufgrund der herrschenden Hitze etwas früher aufgesperrt hatte, und blätterte gelangweilt im heutigen »Courier Post«. Pepito und Sergio luden auf dem Nordwestkai den vorgestern abgefüllten schwarzgebrannten Schnaps in den Lieferwagen von Big Ray, der auf dem Beifahrersitz ein Nickerchen hielt, während Neal am Steuer hockte und aufpasste.

Seit gestern Morgen saß Neal auf glühenden Kohlen, er hatte von Bobby O'Ryan erfahren, dass ihn eine New Yorker Gang suchte, die schon ganz Pennsylvania nach ihm abgegrast hatte, und als Neal sich dumm stellte, er wisse von nichts, er habe keine Ahnung, worum es ging, zischte ihm Bobby zu, die Kerle würden verbreiten, er hätte ihren Anteil an der Beute aus einem Eisenbahnüberfall zwischen New

York und Memphis unterschlagen und in einem Schließfach gebunkert, und Neal antwortete, das sei verrückt, an den Vorwürfen sei nichts dran, das sei ein Ablenkungsmanöver, eine Mulattin habe ihm das alles eingebrockt, dazu komme eine hohe Wettschuld, die er immer noch abstottere, und er zog den rechten Schuh aus und zeigte ihm eine Narbe, zwei Fußzehen waren förmlich entwurzelt: »Ich sehe immer noch vor mir, wie das Beil niedersaust.« Da strich Bobby mit dem Finger den Hutrand entlang und gab ihm einen Wink mit den Augen: »Genug jetzt.« Neal war verstummt und hatte seine Thomson-Maschinenpistole gestreichelt.

Dasselbe tat er jetzt am Steuer des Lieferwagens, die Tommy Gun war sein Rückhalt, immer wenn's schwierig wurde, in Momenten der höchsten Konzentration, wenn er sich um die Dreckwäsche kümmern sollte, hielt sie ihm den Rücken frei. Big Ray, der mit gutem Grund so hieß, wetzte sich am unbequemen Beifahrersitz und riss die Augen auf: »Seid ihr immer noch nicht fertig?«, rief er. »Wir haben noch was anderes zu tun!«, schnarrte er und bleckte die tabakbraunen Zähne, die bestimmt keine fünf Jahre mehr mitmachten, irgendwann fielen sie ihm aus dem Mund wie faulige Brombeeren. Seine Zungenspitze befühlte die schmalen Ritzen und dunklen Höhlen und probte den Widerstand gegen den kleinen und großen Schmerz, er hatte nicht vor, zum Zahnarzt zu gehen, er vertrug es nicht, wenn jemand über seinen Kopf hinweg bestimmte. Er holte mit dem Fuß aus, trat gegen die Wagentür und begann zu schimpfen, es waren noch jede Menge Deals mit Haschisch, Opium und Heroin zu erledigen. »Die Spaghettifresser können mir gestohlen bleiben!« Gleich wurde es hell und die Typen ließen sich verdammt viel Zeit. »Kein Business mehr mit den italienischen

Casanovas, das war das letzte Mal, verflucht noch mal, das allerletzte Mal!«

Anna-Maria Mecca war am Boden zerstört, der blöde Nontas, der potthässliche, mürrische und freudlose Nontas war ihr nicht auf den Leim gegangen, er lehnte es sogar rundheraus ab, sich an etwas zu beteiligen, das einen gefährlichen Wirbelsturm heraufbeschwören konnte, er wollte in Ruhe gelassen werden und im Gegenzug garantiert schweigen. Sie fragte sich, ob der Grieche, der Lackaffe mit seiner Verbrechervisage, am Schluss sogar noch im Vorteil sein würde. »Verflixt und zugenäht!« Er hatte sie in der Hand, wie konnte sie nur in diese Falle tappen wie eine blutige Anfängerin? Und wo würde sie einen Verbündeten finden für ihren nächtlichen Streifzug? Pepito oder Sergio als willige Helfer? »Bah, ausgeschlossen!« Damit würde sie alles nur schlimmer machen, ihre Freundinnen waren strikt dagegen, ihnen war die Sache zu unsicher und zu riskant. Abgesehen davon würden, so meinten sie, auf der Insel Räuber und Piraten lauern, Gespenster und Geister, die Aberglauben säten und auch ernteten und den arglosen Besuchern zähnefletschend auflauerten. Sie aber hatte keine Angst vor Monstern, die im Kopf entstehen, und würde die Flinte nicht ins Korn werfen. Sie sog den Rauch einer filterlosen Zigarette ein und blies ihn wieder aus, und als sie die Treppe zu ihrem Zimmer hinaufstürmte, hörte sie das leise Knarren der Dachkammertür und den dumpfen Laut, der entsteht, wenn jemand ein Buch entschlossen zuklappt. Da kam ihr die verrückte und zugleich geniale Idee, ihre ältere Schwester zu überreden, sie auf ihrem nächtlichen Ausflug zu begleiten. Dafür musste sie natürlich eine kleine, eine winzig kleine, unschuldige Lüge aushecken, aber wo war das Problem? Constanza war ihre Schwester, ihr eigen

Fleisch und Blut. Was konnte schon schief gehen? Absolut nichts, und so nahm sie, um mit ihren Gedanken Schritt zu halten, zwei Treppenstufen auf einmal, während sie die Einzelteile der nächtlichen Intrige entwarf, zurechtschnitt und zusammenfügte.

Constanza Mecca ließ sich Zeit, bevor sie auf den Vorschlag ihrer jüngeren Schwester antwortete. Sie kräuselte die Lippen und eine blasse, senkrechte Ader erschien auf ihrer Stirn. Als Anna-Maria ohne anzuklopfen in ihr Schlafzimmer stürmte, war sie in Gedanken versunken und ihr Herz von tausend Zweifeln heimgesucht. Sie spürte, wie ihr Körper aus einem tiefen Schlaf erwachte, ihre Hände glühten, erhitzt von einer Erkenntnis, die sie länger schon geahnt hatte, deren Beweis sie aber erst jetzt unter den Fingerspitzen spürte, sorgfältig verborgen in den Seiten ihres Buches, und die gedruckten Wörter, erst ein, dann zwei, drei und vier Mal unterstrichen, bezeugten und bestätigten ihre Verwirrung. Für einen kurzen Moment schien das Zimmer von Licht durchflutet, nur so lang, wie eine Flamme braucht, um ein Streichholz zu verschlingen, und alles, was bisher unaussprechlich war, gewann konkrete Gestalt. Der tiefere Sinn dahinter blitzte kurz auf, um beim ersten Klopfen an der Tür gleich wieder zu verblassen. Oder war es vielleicht ihr klopfendes Herz, das sie verriet? Waren es ihre verschwitzten Handflächen? Sie wollte das, was sie in ihrem Inneren tief verborgen trug, lieber nicht wissen. Sie wollte – während Anna-Maria, die auf dem Bett ungeduldig auf- und abwippte und sie anflehte, ihren Vorschlag anzunehmen – das Buch zuschlagen, Mrs. Dalloway zum Schweigen bringen, die Wörter auslöschen, die wie für sie geschrieben waren. Schließlich nickte Constanza, und ein unmerkliches Lächeln umspielte ihre schön geschwungenen Lippen, zum Zeichen, dass sie alle Folgen bedingungslos akzeptiert.

Am selben Abend, als sich kurz nach zehn tiefe Dunkelheit über das Haus der Meccas gesenkt hatte, schoben Constanza und Anna-Maria die Einladung einer Cousine, die fünf Blocks weiter wohnte, als Begründung vor, um das Haus zu Fuß zu verlassen. Nur wollten sie nicht lang auf der Gartenparty bleiben. Cousine Sonja feierte ihren vierundzwanzigsten Geburtstag, sie war immer noch ledig, die Ehe schien ihr wenig erstrebenswert, lieber wollte sie am Vassar College Kunstgeschichte studieren, Europa bereisen, die Welt sehen und Abenteuer erleben, was ihre Mutter fuchsteufelswild machte, denn eine sitzengebliebene Tochter war ein Fluch. Auf dem sonntäglichen Kirchgang durchs Viertel folgten ihnen Klatsch und Tratsch, da die arme Sonja nicht das Glück der anderen, gleichaltrigen Töchter hatte, und es war, als ob Mrs. Sorrenti, die die Schande nicht aushielt, ein schreckliches Mal im Gesicht trug, einen schlimmen Eiterpickel, der einfach nicht aufgehen wollte. Erst als die Mecca-Töchter den Garten betraten, fand Mrs. Sorrenti in Constanzas Anblick Trost. Genauer besehen war ihre Nichte, mit ihren fünfundzwanzig eine unnahbare, alte Jungfer, noch schlimmer dran als ihre Tochter. So richtete sie ihre Hoffnungen auf den barmherzigen Schutz des Herrn. Sie wusste, dass sie eine gute Christin war und keine einzige Messe versäumte und am Schluss alles gut ausgehen würde. Sie bekreuzigte sich und verschwand in der Küche. Das übertriebene Getue und Geschrei der jungen Menschen verursachten ihr Kopfschmerzen, so viel pralles Leben ertrug sie nicht.

Sonja stellte ihre Cousinen der Runde vor, augenzwinkernd setzte sie ihren Jugendfreund Matteo neben Constanza, die sich wenig begeistert zeigte vom Vorgehen ihrer Cousine, die mit ihrem überschwänglichen Charakter gern übers Ziel hinausschoss und ständig über Politik diskutierte, über die Frauenrechte, über den Arbeiterlohn und über die Macht der Gewerkschaften. Sie argumentierte so unnachgiebig wie ein Mann, sie war eigensinnig und streitlustig. Obwohl jüngere Männer sie bewunderten oder mit einer Mischung aus Faszination und Angst betrachteten, neigte Sonja, wie andere starke Frauen, dazu, ausgerechnet die Männer zu begehren, die ihr keinen zweiten Blick schenkten. Denn sie störten sich an ihrem unkontrollierbaren Auftreten. Sie spürte, dass ihre Auswahl begrenzt und unweigerlich vorgezeichnet war, und stürzte sich in Liebesgeschichten, die sommerlichen Regengüssen ähnelten, die so plötzlich wieder vorüber waren, wie sie gekommen waren und die aufgeheizte Erde nur kurz netzten, ohne ihren unstillbaren Durst zu lindern.

Unter dem Vorwand, sich kurz ein Glas Wasser zu holen, ging Constanza in die Küche, blieb verträumt am Fenster stehen und schaute in den Garten mit den Dahlien und Stockrosen. Dann ballte sie verzweifelt die Fäuste: Was führte sie doch für ein geistloses Leben! Sie schüttelte ihre Handgelenke, als wollte sie ein unsichtbares Joch abschütteln, und als sie sich umwandte, um zu den anderen zurückzukehren, stolperte sie über den Küchenschemel, fiel gegen die Ecke des Tresens und zog sich eine Platzwunde an der Augenbraue zu. Das warme Blut rann ihr quer übers Gesicht, und sie wirkte noch blasser, fast war sie hübsch zu nennen.

Constanza begann zu schluchzen – nicht vor Schmerz, sondern weil sie vor aller Augen weinen durfte, mit Fug und Recht und ohne sich zu schämen. Die jüngere Schwester kniete vor ihr und sprach ihr liebevollen Trost zu, Cousine Sonja hielt ihre Hand und sagte, sie solle sich keine Sorgen machen, die Wunde sei nur oberflächlich und würde keine Narbe hinterlassen, und die jungen Männer der Geburtstagsgesellschaft wagten sich gerade so nah heran, dass sie gefahrlos ihre Hilfe anbieten konnten, ohne sich in das persönliche Drama einzumischen, das sich vor ihren Augen abspielte. Mrs. Sorrenti bemühte sich sofort um ärztliche Hilfe, aber Dr. Jaskólski wohnte zu weit weg. So läutete sie an der übernächsten Haustür bei Mrs. Hočevar, einer dreißigjährigen Witwe und angesehenen Oberschwester im West Jersey Hospital, das wuchtig und still an der Kreuzung von Mt. Ephraim und Atlantic Avenue stand.

Mrs. Hočevar litt in der letzten Zeit an Schlaflosigkeit. Nachdem ihr Mann im Herbst 1917 in der Zwölften Isonzoschlacht gefallen war, hatte sie das kleine Erbe und den Schmuck an sich genommen und, ohne irgendjemandem Rechenschaft abzulegen, ein Schiff ins Land der Verheißung bestiegen. Obwohl es fast elf Jahre her war, seit die österreichisch-ungarische Armee ihren kroatischen Ehemann eingezogen hatte, wollte sie nicht wieder heiraten. Das äußerst kurze Dasein als Ehefrau war ihr in keiner guten Erinnerung geblieben, und sie erkannte die unausgesprochene Chance, sich ein neues, eigenes Leben aufzubauen. Die Freiheit war das höchste Gut, und im puritanischen Amerika war sie trotz des herrschenden Chauvinismus, der ihr entgegenschlug, aufgrund ihres humanitären Berufs eine erfolgreiche Frau, auch wenn sie frisch zugewandert und ledig war. Das einzige, was auf ihre fremde, balkanische Herkunft hinwies, war der auffallende Zischlaut in ihrem Nachnamen, der an das Knirschen einer Säge erinnerte, die sich durch einen Eichenstamm frisst. Während sie sich, von Gewissensbissen verfolgt, in ihrem Bett herumwälzte, weil sie Eltern, Kinder und Bruder zurückgelassen hatte und ohne ein Wort ausgewandert war, läutete es an der Tür. Erleichtert packte sie ihre Arzttasche und folgte Mrs. Sorrenti durch die Nacht, da es kein besseres Schlafmittel gibt als körperliche Erschöpfung. Als sie durchs Haus in den hinteren Garten trat, fiel ihr Blick auf Constanza Mecca mit ihren tieftraurigen, funkelnden Augen und ihrem ernsten Gesicht, das durch die Wunde über dem linken Augenbrauenbogen schön wirkte. Sie fühlte, wie ihr Herz einen Sprung tat, blieb stehen und hielt den Atem an, ihr war, als sähe sie sich selbst vor zehn Jahren: Sie kauerte auf der Steintreppe ihres Elternhauses im slowenischen Gradišče und wartete, dass etwas Einschneidendes passierte, etwas, das sie unter Druck setzte, damit sie endlich eine Entscheidung traf und das Unmögliche wagte. In diesem Moment, es war wie ein Déjà-vu, kreuzten sich ihre Blicke, als seien es Degen in einer niemals gefochtenen Schlacht, und besiegelten ihre erste Begegnung, ihren ersten Moment des Erkennens.

Die Wunde war tatsächlich nur oberflächlich und wurde von Mrs. Hočevars erfahrenen Händen desinfiziert, sie empfahl einen Tag Ruhe, am besten sollte sich Constanza die Zeit nehmen und im Krankenhaus vorbeischauen: »Gleich morgen früh.« Andernfalls würde sie selbst zu ihr nach Hause kommen. Anna-Maria fragte besorgt: »Ist es etwas Ernstes?« Doch Mrs. Hočevar schüttelte den Kopf: »Nein, aber man kann nicht vorsichtig genug sein.« Constanza Mecca fand, dass in Mrs. Hočevars Kopfbewegung und im warmen Ton ihrer Stimme etwas Verspieltes, etwas überraschend Charmantes lag. Instinktiv spürte sie, dass sich hinter der Realität noch eine zweite Ebene verbarg und sich ihr, als einer der Auserwählten, gerade auf erschütternde Weise zeigte. Sie musterte Mrs. Hočevars kräftige Hände, den straffen Körper und die Wangengrübchen, und es war ihr, als würde sie diese Frau schon lange kennen. Bereitwillig schrieb Mrs. Sorrenti die Adresse der Mecca-Töchter für Mrs. Hočevar auf, hakte sich dann bei ihr unter und wollte ihr etwas für ihre Mühe zustecken, doch Mrs. Hočevar wies die Bezahlung freundlich zurück. »Auf gar keinen Fall,« sagte sie, und bevor sie sich auf den Heimweg machte, wandte sie sich noch einmal um, und ihr Blick suchte Constanza Mecca, die dasaß, auf ihre blassen Hände herabblickte, zu Matteos Schmeicheleien und Komplimenten gleichmütig lächelte und mit der Schnittwunde und dem rotbraunen Jodtupfer an der Braue noch begehrenswerter als zuvor aussah.

Es war, wie das Leben so spielt, Anna-Maria Mecca nicht gelungen, ihren am Nachmittag gefassten Plan in die Tat umzusetzen. Vielleicht beschloss sie auch, die Sache zu vergessen, da der laue Abend gemütlich, die Gläser gefüllt und die Gespräche anregend waren. Auch die neckischen Bemerkungen von Nino zu ihrer Linken hielten ihr Interesse wach. Ihr Gesprächspartner sah gut aus mit seinen kantigen Gesichtszügen, und solange er den Mund nicht auftat, um das verlegene Schweigen zu durchbrechen, ähnelte er einem amerikanischen Stummfilmstar. Als Grundstücksmakler verdiene er gut, gerade habe er sich ein Auto gekauft, um sich seinen Traum zu erfüllen: Er wolle quer durch Amerika fahren und sich in Hollywood niederlassen, dort würde er bestimmt sein Glück machen, das Klima an der Westküste passe viel besser zu ihm. Anna-Maria sah sich im Auto an seiner Seite sitzen und beugte sich über die Kanapees und die gratinierten, gefüllten Champignons zu ihm hinüber, und als sie sich ihr gemeinsames Leben in der Stadt der Engel vorstellte, huschte ein Lächeln über ihr Gesicht.

Zur gleichen Zeit fand Neal in Pastor Moores Wohnung keinen Schlaf, denn seine Freunde, die Mafiosi, waren schon in Camden und durchkämmten die Stadt nach ihm. Big Ray, der mit den Kumpanen des einflussreichen und immer mächtiger werdenden Don Vito Genovese keinen Zores wollte, ließ Neal ausrichten, er solle sich auf eine kleine Urlaubsreise einstellen. Kurz vor Sonnenaufgang würde der weiße Lieferwagen zu den kanadischen Seen aufbrechen, wo er allein die Grenze nach Ottawa überqueren müsse, und wenn er glücklich im Land der Ahornbäume und Murmeltiere angekommen sei, solle er Big Ray vergessen. Ab sofort sei er auf sich allein gestellt, heute Abend ende ihre Zusammenarbeit endgültig und unwiderruflich, und er an seiner Stelle würde sich mit dem erstbesten Schiff nach Europa, Marseille, absetzen oder, anders ausgedrückt, für mindestens zehn Jahre vom Erdboden verschwinden, bis sich die Gemüter beruhigt hätten und seine Schulden vergessen wären. Neal, der Big Ray nichts nachtrug, widersprach nicht, er wollte in der Tat für ein Weilchen verreisen. Doch nur drei Monate später kehrte er verdrossen und ohne einen Cent nach New York zurück. Nachdem er im prominenten, illegalen »21 Club« ordentlich etwas konsumiert hatte, stand er auf, zog seine 45er und mähte zehn Typen nacheinander nieder, bevor er die allerletzte Kugel gegen sich selbst richtete.

VII

Die Kätzchen im Sack
versinken im kalten Fluss
die Kälte nimmt zu

Nick Virgilio

Basil Kambanis trifft sich mit dem Makler, um den Verkauf des Diners und der Doppelhaushälfte zu besprechen. Nino Cavani Junior, der jüngere Sohn von Nino Cavani und Anna-Maria Mecca, überschlägt die Immobilienrichtwerte der Wohngegend und die unmittelbaren Bedürfnisse seines Kunden, bevor er das Alter und den äußeren Eindruck des Lokals einschätzt und seinen Preis nennt. Basil Kambanis will die Mühen eines ganzen Lebens nicht als Parkplatz enden sehen, jedenfalls nicht sofort, und Nino Cavani verspricht ihm, alles in seiner Macht Stehende zu tun, aber er würde schwer ein besseres Angebot bekommen und solle es sich überlegen. Für die Doppelhaushälfte könne er mit ziemlicher Sicherheit in den kommenden Monaten eine anständige Summe herausholen, er brauche ihm nur das Okay zu geben, der frühe Vogel fange den Wurm. »Zuerst das Lokal und danach, wie abgemacht, das Haus«, verdeutlicht Basil, und Nino gibt ihm die Hand darauf. Der lasche Händedruck besiegelt die Absprache und krönt die leichtsinnige, selbstzerstörerische und rachsüchtige Aktion, die nichts Gutes verheißt.

Nino Cavani streicht sein Hemd glatt, das teurer aussieht, als es war, und geht mit gesenktem Kopf fort. Er hat es im Outlet-Center im nördlichen Philadelphia gekauft, das Geld ist nicht mehr so leicht zu verdienen wie früher, der Umsatz sinkt, er muss jetzt Fälle annehmen, die ihm kaum Gewinn einbringen, billige Deals, für die er sich doppelt und dreifach anstrengen muss, damit er ein paar Cent in der Tasche behält, die gleich fürs Tanken draufgehen. Wie hoch wollen die verdammten Araber den Benzinpreis noch treiben? Dann ist da noch seine achtzigjährige Mutter, die nach zwei Schlaganfällen mit einem Fuß im Grab steht, ihm aber ständig vorhält, dass er noch keine Familie gegründet hat. Ständig nörgelt sie, wie er über die Runden komme, was er esse und wie er sein Elternhaus am besten sauber halte. Sie will ihn zwingen, sie bei sich aufzunehmen, es ist nicht zum Aushalten, jeden zweiten Tag ruft sie an und lässt es so lang klingeln, bis er rangeht. Im Altersheim »Capri« hat sie eine Rezeptionistin gefunden, die sie in den Himmel lobt, weil sie nach ihrer Pfeife tanzt. Abgesehen davon hat er den Verdacht, dass das Taschengeld, das er ihr monatlich gibt, in die Tasche des Weibsbilds wandert. Die beiden haben sich verbündet, um ihm das Leben zur Hölle zu machen. Wie lang soll er das noch ertragen? Sein Bruder hat geheiratet und ist dem Genörgel entronnen, aber nicht wirklich, denn gleich nebenan wohnen die Eltern seiner Frau, eine doppelte Last: Ehefrau und Schwiegereltern. Obwohl es mit der Mutter geistig bergab geht, ist sie immer noch schlau und weiß, auf welche Seite sie sich schlagen muss, um ihren Willen durchzusetzen. Ach, leckt mich doch alle am Arsch! Er steigt in seinen Wagen und fährt mit quietschenden Reifen los, Basil schaut aus dem Fenster des Diners und erkennt die dunklen, fleckigen Spuren auf dem Asphalt und die Staubwolke, die kurz in der Luft verharrt. Er hat sich entschieden, er muss es nur noch bekanntgeben, heute, morgen, übermorgen, in der nächsten oder übernächsten Woche oder im nächsten oder übernächsten Monat. Soll der Laden doch den Bach runtergehen, und danach das Haus, es ist nur noch eine Frage der Zeit, bis er die Scheidung einreicht, das ist beschlossene Sache, mit Susan hat er nichts mehr gemeinsam, und alles, was sie theoretisch noch verbunden hätte, ist sie auf schnellstem Weg losgeworden, sie hat es auf dem Gewissen.

Minnie und Leto spielen Pac-Man in Bills Spielhalle, bekannt für ihre verschiedenen Sportspiel-Automaten und für die hinterfotzigen Flipper, die einem das ganze Taschengeld wegfressen. Minnie hat heute Geburtstag, sie wird zwölf, und Leto, die immer gut im Feilschen mit ihren Eltern war, witterte die Gelegenheit und überzeugte ihre Freundin, sich einen All-Inclusive-Besuch in Bills Spielhalle zu wünschen. Minnie tat ihr den Gefallen, weil sie sonst keine Ruhe gegeben hätte, und jetzt steht sie neben Leto, die eine neue Münze in den Schlitz des gefräßigen, gelben Automaten wirft. Susan trinkt am Ende der schmalen Halle eine Limonade mit extra viel Zucker und wirbelt mit dem Strohhalm genervt die kleinen Kristalle hoch. So viele Jahre war ihr nicht klar gewesen, dass die Sinneswahrnehmungen von Geruch und Geschmack verbunden sind. Die letzten beiden Wochen treibt der Hunger sie dazu, in allen möglichen süßen und salzigen Speisen der allerkleinsten Spur von Geschmack nachzujagen, doch was ihre Speiseröhre hinunterrutscht, ist nur ein undefinierbares, synthetisches Etwas, das im Mund aufquillt und sich in ihrem Magen aufbläht wie biologisch abbaubares Plastik.

Jetzt ist Minnie mit Pac-Man an der Reihe, doch wieder überlässt sie ihren Platz und ihre Münze der ungeduldigen Leto, die sich vorgenommen hat, das ganze gesunde Obst, die Kirschen, Erdbeeren, Äpfel und Melonen, zu vertilgen und das Spiel trotz der nervenden quietschbunten Gespenster, die sie rauf- und runterjagen und die ihr ein Leben nach dem anderen wegschnappen, bis zu den schwierigsten Leveln zu Ende zu spielen. Minnie packt die Gelegenheit beim Schopf, Susans Aufmerksamkeit und Letos unersättlicher Spielfreude zu entkommen, und geht ganz allein hinaus auf die Straße, überquert vorsichtig den schmalen, holprigen Gehweg und läuft zu dem kleinen Imbiss hinüber, den sie schon seit einer Weile im Visier hat, mit der riesengroßen Aufschrift »Por Suerte« und der eingerahmten, an den Rändern zerknitterten puerto-ricanischen Flagge. Seit sie das Gateway-Viertel betreten hat, ist es ihr größter Wunsch, in dem Imbiss, in dem ihr Bruder verkehrt, eine Portion frittierte Plantain-Chips zu bestellen, in der Hoffnung, groß und stark zu werden und, wenn auch nur kurz, die Zeit zurückzudrehen. Der einfältige Diego mit dem zerrupften Bärtchen und der schräg sitzenden »Philadelphia Phillies«-Baseballkappe serviert ihr frische Plantain-Chips und eine Portion Reis mit Bohnen und Hühnchen von gestern, die er sonst weggeschmissen hätte, und verwickelt sie in ein Gespräch, wo sie wohne, ob sie hier neu zugezogen sei und ob sie die Heldentat der Phillies gesehen habe, die im Play-Off aus eigener Kraft – »Vier zu zwei, stell dir vor!« – gegen Kansas City gewonnen hätten, mit der Riesenpranke des legendären Mike Schmidt hätten sie ihren ersten Titel in der Baseball World Series erobert. Minnie schluckt eine grüne Kochbanane nach der anderen hinunter, jeder Bissen bleibt ihr in der Kehle stecken wie ein altes Schuldgefühl für etwas, das sie gesagt hat, oder für etwas, das sie unterlassen hat, für all die bösen Wünsche, die sie gedacht hat und die sie jetzt zurücknehmen will. Obwohl sie an die Wunderwirkung der grünen Kochbanane glaubt, weiß sie, dass ihr Vater sich von ihnen abgewandt und in der gegenüberliegenden Stadt eine neue, vielleicht sogar glückliche Familie gegründet hat. Minnie weiß, dass ihre Mutter aus dem Himmel nicht zurückkehren wird, denn dort oben hat sie einen schönen, gemütlichen Platz bis zum Ende ihrer Tage. Sie weiß, dass ihr Bruder, wenn er auftauchen sollte, nur Ärger, Flüche und Drohungen mitbringt, selbst dann, wenn sie ihm aus ganzen Herzen alles verzeihen würde – den verstümmelten Zopf, die wilde Ballerei mit dem Luftdruckgewehr, die heimlichen Faustschläge und Kratzer, das gestohlene Taschengeld und das Schweigegelübde, das er ihr abgerungen hat, während er den rechten Arm mit dem Schmetterlingstattoo schwang und drohte, er würde sie im Schlaf umbringen, wenn sie ihn verrate und ihrer Mutter ausplaudere, wohin er nachts verschwindet, wenn alle im ebenerdigen Apartment in Centerville im Bett liegen und schlafen. Jetzt war es stumm, dunkel und ohne Mieter, ohne Möbel und ohne Leben, denn sobald die Nachbarn mitbekommen hatten, wie der glänzende Lacksarg über die Schwelle getragen wurde, holten sie erst die Elektrogeräte aus der Wohnung, dann das Sofa, den Couchtisch und die Stühle und zum Schluss das billige Essgeschirr, das in den Schränken hockte wie Tierskelette, wie falsche Porzellankadaver.

Aber jetzt ist alles anders, Minnie hat vor Pete und seiner blöden Gang mit ihrem Ehrenkodex und ihrer Prahlerei keine Angst mehr. Als Diego die Krümel, die am Tresen kleben, mit den Fingernägeln wegkratzt, wirft Minnie den Köder aus: »Wann treffen sich die Benzos auf dem Spielplatz?« Diego beugt sich, scheinbar unbeteiligt, nach vorn und blickt ihr misstrauisch in die Augen: »Wer will das wissen?« Minnie antwortet: »Petes Schwester, sie will ihren Bruder sprechen.« Diego mustert sie forschend, und Minnie, die früher schon die Spickzettel las, die ihr idiotischer Bruder, der sich nichts merken konnte, unter der ausgeleierten Matratze aufbewahrte, kniet sich auf den Barhocker und verlangt ganz selbstverständlich und cool die Rechnung. Sie gibt Diego eine ganze Fünf-Cent-Münze Trinkgeld, einen glänzenden Nickel. Die Doppeldeutigkeit der Münze, die Diego festhält und begutachtet, ist Minnie nicht bewusst: Sie ist das Dealer-Symbol für fünf Dollar Warenwert an Rauschgift. Die matte Nachmittagssonne fällt darauf, spiegelt sich erst in der Kaffeekanne aus schwarzgemustertem Metall und dann in dem eingerahmten Foto, auf dem eine schräge, verlotterte Truppe abgebildet ist. Sie posierte an einem trüben Julitag im städtischen Schwimmbad von Centerville vor der Kamera, kurz bevor es geschlossen und abgerissen wurde, nachdem einer der fünf abgebildeten, lächelnden Jugendlichen auf seltsame und unerklärliche Weise ertrunken war. Die Übrigen behielten ihre jugendlichen Spitznamen – Dicker, Weiberheld, Junior und Bürgermeister – bei und wurden Drogenbarone, die mit Crack und Heroin dealten und die »Organisation« gründeten mit Unterabteilungen wie »Benzos« und »Schulhof«, die Gras und Koks, Crack und Horse in den Schulen, in den Armenvierteln und über New Jersey hinaus zwischen Atlantic City und New York pushten und unter die Leute brachten.

Als Minnie unbemerkt in Bills Spielhalle zurückkehrt, ist Susan über dem Tischchen mit den Zeitungen von vorgestern eingenickt. Die Schlagzeilen posaunen in Riesenlettern die Ermordung John Lennons hinaus. Leto ist immer noch am Spielautomaten zugange und bricht bei jedem neuen Rekord und bei jedem neuen Level, das sie auf dem gewölbten Bildschirm erreicht hat, in Jubelgeschrei aus. Minnie, die Videospiele und Flipper langweilig findet, dreht zwei Runden durch die Halle und nähert sich dann Susan, zupft sie sanft am Ärmel und fragt mit großem Ernst: »Was ist der Unterschied zwischen zwölf und dreizehn?« Mit einem langen

Seufzer wacht Susan aus dem Tiefschlaf auf und sagt: »Eine Kerze mehr auf der Geburtstagstorte.« Sie hält inne und rafft sich zu einer Fortsetzung auf: »Und bestimmt wachsen dir die beiden fehlenden Zähne nach.« Minnie betastet die Lücken im Zahnfleisch, während Susan sie sanft am Handgelenk packt. »Und vielleicht wirst du zur Frau, dieses Jahr oder nächstes.« Minnie schlägt die Hand vor den weit aufgerissenen Mund, denn Susan hat etwas gesagt, worüber man nicht spricht und was sie auch nicht hören will. »Meinst du, die Roten kommen?«, fragt sie, voller Angst, dass sich ihr schlimmster Verdacht bestätigt und früher oder später »die Roten kommen und die russische Fahne hissen.« So hatte es vor ein paar Jahren in der Schule der Sohn des betrogenen und frisch geschiedenen republikanischen Kandidaten für den Stadtrat ausgedrückt: »Alle Frauen sind, sobald sie die rote Fahne hissen, von Natur aus Verräterinnen, potenzielle Anarchistinnen und heimliche Kommunistinnen.« Während Leto hochkonzentriert und mit meisterhafter Geschicklichkeit ihre letzte Münze spielt und nach unendlichen Mühen und Qualen das einundfünfzigste Level erreicht, gehen plötzlich die Lichter aus, drei Sekunden später springt der Strom wieder an, und auf dem Bildschirm erscheint in fetten, schwarzen Lettern: »Game over. Bitte Münze einwerfen.«

Es ist Sonntagabend, kurz nach sieben, und dichtes Dezemberdunkel hat sich über die Straße und die Aufschriften der Steuerberatungs- und Anwaltskanzleien gesenkt, der Bus von Dudley nach Cooper-Grant fährt über den menschenleeren Boulevard und auf seiner Windschutzscheibe spiegelt sich die trüb erleuchtete, weiße Markise mit der Aufschrift »Ariadne«. Basil Kambanis stellt gerade die Wochenschicht zusammen und zerbricht sich den Kopf, wie die morgige Planung klappen soll, da Kellnerin Sally krank geworden ist. Die Ärzte sagten, sie habe es an den Bronchien, sie müsse weitere Untersuchungen machen, und Veronica, die unter Migräne und Panikattacken leidet, kann den Laden nicht alleine stemmen, oder vielleicht doch? Er wird mit ihr eine Lösung finden müssen. »Veronica?« Zum Teufel damit, er zieht jetzt einen Schlussstrich, er verkauft. »Abreißen und Asphalt drüber!« Heute ist Sonntagabend und kein Mensch ist unterwegs, in der letzten Woche wurde um diese Zeit, von niemandem bemerkt, der Kramladen gegenüber ausgeraubt. Die Polizei kam, füllte ein paar Formulare aus, holte ein paar Unterschriften ein und zog dann unverrichteter Dinge und mit eingezogenem Schwanz wieder ab. Jetzt ist es fast acht, eigentlich macht er erst um neun zu, aber er wird eine Stunde früher schließen, denn er wartet ganz umsonst auf Kundschaft. »Veronica?« Während er sich nach der Kellnerin umschaut, springt die Tür des Diners auf, ein Windstoß fährt ratternd durch die Jalousien, die Deckenventilatoren drehen sich und die Lampen schwingen hin und her. Heute Abend ist Schneesturm angesagt, die Temperatur soll weit unter null sinken. An die Kälte konnte er sich nach all den Jahren an der Ostküste nie gewöhnen, acht Monate Winter und zwei Monate Sommer, und zwei weitere Monate lang ein Wechselbad, das einem an die Nieren geht, mal kälter, mal wärmer, und der Schnee schmilzt nicht, sondern gefriert zu Schlammkristallen und zu einer riesenhaften Amöbe, die sich über die Stadt ausbreitet und Straßen und Gehsteige, Häuser und Autos gierig verschlingt.

Es schneit schon den ganzen Abend, innerhalb weniger Stunden liegt mehr als ein halber Meter. Fast jeder hält, bevor er sich die Stiefel anzieht oder die Handschuhe überstreift, an der Tür oder am Fenster inne und lauscht der atemberaubenden Stille der tanzenden, langsam zu Boden sinkenden Schneeflocken. Basil Kambanis steht im Korridor vor dem Wohnzimmer, neben der kleinen Gästetoilette, die einer Rumpelkammer gleicht, und spricht mit leiser Stimme. Susan steht mit dem Rücken zur Wand und hört ihm mit verschränkten Armen zu, sie hat nicht die Kraft, seine kleinkrämerische Abhandlung zu unterbrechen, vielleicht will sie es auch nicht. Jeder seiner wohl überlegten Sätze ist wie ein leiser Schneekristall voller Widerhaken, den Susan hinunterwürgt, er sagt, er verzichte auf alles, den Verkaufserlös von Haus und Diner könne sie behalten, unter der Bedingung, dass sie keinen Unterhalt fordere und die Scheidung einvernehmlich erfolge. »Und die Mädchen?« Auf Susans Frage senkt Basil den Kopf und schüttelt eine unsichtbare Schneeflocke von seiner Gamasche. Er hat vergessen sie auszuziehen und den Schneematsch in Korridor und Wohnzimmer geschleppt. »Das musst du selbst wissen«, antwortet er. In der Tat weiß sie, dass jeder Schneekristall einem einzigartigen Bauplan folgt, der Schnee bis März, vielleicht auch bis April in der Stadt liegen bleibt und der Fluss stellenweise zufriert, wie am Weihnachtsabend im Jahr 1776, als George Washington mit zweitausendvierhundert Mann den Delaware überquerte und die erste große Schlacht der Kontinentalarmee bei Trenton gewann. Es sind kleine Ereignisse, geschehen und aufgezeichnet, genau wie der Umstand, dass ihr Mann ein Feigling ist und jetzt, da es schwierig wird, einfach abhaut. Aber es ist ihr egal, etwas in ihr ist zu Eis erstarrt, sie spürt die Steifheit von den kleinen Zehen bis zum Nacken. Die Tatsache, dass sie zittert, bestätigt diesen Umstand und die Lage der Dinge, ob gut oder schlecht. Und das Knarren der Toilettentür, die erst einen Spalt und dann ganz aufgeht. Aus dem Dunkel tritt Leto mit einem Stoß Panini-Stickern auf dem Arm, die sie morgen in der Schule tauschen will. Basil und Susan fühlen sich zurückversetzt ins Jahr 1978 zur Fußballweltmeisterschaft in Argentinien, ins Musical »Grease« mit John Travolta und in den, wie ein jeder sagt, glücklichsten und sorglosesten Sommer auf der ganzen, weiten Welt.

Leto steht zwischen ihnen wie eine schwimmende Brücke über einem reißenden Fluss, sie wird ihnen nicht den Gefallen tun und in Tränen ausbrechen, auch einen Asthmaanfall wird sie nicht bekommen, sie presst die Sticker an sich und zerknittert dabei das Bild von Daniel Passarella, dem Kapitän der argentinischen Weltmeisterelf, rennt durch den Korridor zurück ins Wohnzimmer zu ihrem improvisierten, unbequemen, jedem Stimmungsumschwung ausgesetzten Bett, legt sich mit Kleidern und Schuhen hin wie ein gestrandeter Süßwassermatrose und zieht die Bettdecke hoch bis zur Nasenspitze, um nur ja keinen Spalt freizulassen, durch den Schlingpflanzen eindringen und sie mit ihren Tentakeln fesseln könnten. Als Basil sich neben ihr hinkniet und ihr die nutzlosen Weisheiten der Erwachsenen zuflüstert, stellt Leto sich schlafend und drückt die Augen so fest zu, dass sich Falten um die Mundwinkel bilden und ihre kindlichen Wangen runzelig werden. Dieser Anblick eines frühzeitig gealterten Kindes ist so komisch und widersprüchlich, dass er nur Traurigkeit hervorrufen kann.

Minnie will heute Abend nicht schlafen, sondern für die Schule lernen, sie ist im Rückstand, besonders in Geometrie, und versucht, mit dem Bleistift die Oberfläche der kleinen runden Schokoladenkekse zu berechnen, die einer imaginären, futuristischen Schokoladenmaschine entsprungen sind und wie fliegende Diskusscheiben aussehen, sechzehn Millimeter im Durchmesser. Ihre Gedanken umkreisen die knusprigen Mandelradien auf der Suche nach der ersehnten

Lösung: Eine zwanzig Quadratzentimeter große gedachte Oberfläche, die ihr einen üppigen, süßen Nachgeschmack im Mund hinterlässt. Jetzt traut sie sich sogar zu, den Umfang eines Autoreifens zu berechnen und die schraffierte Oberfläche einer kreuzförmigen Figur, die einem hübschen, aber seltsam verwinkelten Viereck eingeschrieben ist. Doch bevor sie am schal schmeckenden Ende des weichen B2-Bleistifts nagen und das schwierige Unterfangen angehen kann, stößt Leto die Tür auf und lässt sich mit roten, verschwollenen Augen, die Decke übergeworfen wie eine antike Toga, in deren Falten schlimme Nachrichten nisten, neben Minnie kopfüber aufs Bett fallen und schläft auf der Stelle ein. Hier, in ihrem Zimmer, und zusammen mit Minnie fühlt sie sich sicher. Minnie, die Augenlider schwer von der Müdigkeit durchwachter Nächte, lässt ihr Heft zu Boden sinken und löscht das Licht, beide Mädchen schlafen nebeneinander ein, und im Verlauf der Nacht gleichen sich ihre Atemzüge an.

VIII

Wie für sie gesorgt wird auf Erden, (die periodisch erscheinen,)
Wie lieb und fürchterlich sie für die Erde sind,
Wie sie ihrer selbst und jedem anderen zugute kommen –
welch Paradox scheint ihr Zeitalter,
Wie die Leute ihnen begegnen, obwohl sie ihnen unbekannt sind,
Wie allezeit etwas Schonungsloses in ihrem Schicksal liegt,
Wie alle Zeiten sich in den Gegenständen
ihrer Schmeichelei und Belohnung vergreifen,
Und wie derselbe unerbittliche Preis noch immer
für denselben großen Ertrag bezahlt werden muss.

Walt Whitman, Beginner

Die Freundschaft zwischen Miss Mecca und Mrs. Hočevar führte in der kleinen Stadt bald zu Klatsch und Tratsch, vielleicht weil jeder, ob Narren oder Weiser, dem anderen das Glück neidet. Constanza Meccas Gesicht hatte ihre frühere Blässe verloren, und alle fragten sich, woran das lag. Je tiefer die jüngere Schwester unter einer ausweglosen Liebe und einer künftigen Ehe litt, die auf großer Sturheit und kleinmütigen Interessen beruhte, umso natürlicher und offener strahlte der Blick der älteren. Doch es dauerte nicht lang, und ihr kleines, harmloses Geheimnis wurde zufällig und mit hinterhältiger Schadenfreude enthüllt. Nontas Kambanis, der – angesichts einer großzügigen Belohnung – im Auftrag von Nino Cavani, Meccas künftigem Schwiegersohn, die Tochter seines Chefs beobachtete, sah mit eigenen Augen, wie Constanza Mecca in Mrs. Hočevars Haus trat. Wäre er nicht durch die bösen Zungen aufgeklärt und hellhörig geworden, hätte er am Zusammensein zweier erwachsener Frauen, die gern vorm kalten Kamin oder auf der kleinen Veranda mit den Gemüsetöpfen plauderten und im Spätsommer in Gesellschaft einer launischen, rothaarigen Katze, die schon ihr siebtes Leben lebte, Garnschals und Ärmel für Winterpullover strickten, nichts Verdächtiges oder Tadelnswertes gefunden. Während Nontas Tag für Tag geduldig hinter einem dicken Baumstamm gegenüber wartete und schon jede Hoffnung aufgegeben hatte, irgendetwas Berichtenswertes zu erleben, schlug das Schicksal zu: Mrs. Hočevar wünschte Miss Mecca eine gute Nacht, umarmte sie herzlich, und als sie in der halb offenen Eingangstür des zweistöckigen Hauses standen, flochten sich ihre Hände kurz, aber fest ineinander. Mrs. Hočevars Hand strich über die Wange der jungen Frau, und dann küsste sie sie so sanft und vorsichtig, als könne sie etwas zerbrechen, auf den Mund. Miss Mecca errötete und taumelte leicht, wich aber nicht zurück, sondern tastete nach der Tür, zog sie ins Schloss und kam nicht eher wieder heraus, bis es vom Glockenturm der heiligen Jungfrau Maria vom Berge Karmel wohltönend zwölf Uhr Mitternacht schlug.

Nontas Kambanis war kein Spion, er war vielleicht feige und ungebildet und hatte nicht viel Lebenserfahrung, aber das Zeug zum Spitzel hatte er nicht. Das Gesehene verwirrte und überraschte ihn, am liebsten hätte er es dem Oberhaupt der Familie Mecca direkt erzählt, aber das Thema war delikat, und instinktiv schreckte er davor zurück, sich in fremde Angelegenheiten und vor allem in Liebesgeschichten einzumischen, das brachte nur Ärger und führte zu gegenseitigen Anschuldigungen. So behielt er das Geheimnis für sich, und aus seinem Mund drang kein Sterbenswörtchen, bis er sich eines Abends im Keller verplapperte und die Sache aufflog. Von den Ausdünstungen des mörderischen Grappa, der Tote zum Leben erweckte, war ihm so schwindlig geworden wie auf einem Karussell, ein Wort gab das andere und dabei rutschte dem Schlaumeier heraus, er könne nicht verstehen, was zwei Frauen miteinander im Bett täten, genauer gesagt Mrs. Hočevar und Miss Mecca. Nino Cavani, der ein kühler Rechner war und sehr wohl begriff, was zwei Frauen im Bett miteinander tun, nutzte die Gelegenheit und diktierte den Ehevertrag nach seinen Vorgaben, zusammen mit einer unverhandelbaren Bedingung: Sollte die ältere Schwester nicht von ihren widernatürlichen Trieben geheilt werden, könne die Hochzeit mit Anna-Maria nicht stattfinden und die Verlobung würde gelöst. Er wünschte keine krankhaften Neigungen in der Familie, wer garantierte ihm, dass die Schande und das Stigma nicht erblich waren.

Drei Tage lang hielt im Hause Mecca das Klagegeschrei an, Constanza Mecca beugte sich der Übermacht und gab klein bei, gestand ihre Schuld und ihre widerwärtige Natur, ertrug das Gezeter und die Drohungen ihrer Mutter und den finsteren, mürrischen Blick ihres Vaters, den sie in diese schwierige Lage gebracht hatte. Dann trat Mrs. Mecca in Aktion und ging mit Pfarrer Leone zu Mrs. Hočevar, und sie baten oder besser gesagt forderten, sie solle jeden Kontakt zu dem unschuldigen, unerfahrenen Mädchen abbrechen, das in der Zwischenzeit fast siebenundzwanzig war. Sie setzten sie mächtig unter Druck, denn die Sache drohte aus der Hand zu laufen, das Schlimmste musste verhindert und die Ehre von Constanza Mecca gerettet werden, kein Mann würde sie mit so einer schwerwiegenden, krankhaften Veranlagung zur Frau nehmen. Pfarrer Leone, ein im Grunde reiner und sanfter Charakter, der nicht ertragen konnte, wenn seine Schäflein vom rechten Weg abkamen, rief Mrs. Hočevar zur Buße auf, sie solle zur Beichte kommen und sich von dem sündigen, unmoralischen Weib lossagen, das sie in sich trage. Mrs. Hočevar, die keine Lust hatte, in ihrem eigenen Haus an den Pranger gestellt zu werden, erklärte den beiden kurz angebunden: Schluss, aus, bis hierher und nicht weiter! In ihrem Bett bestimme sie selbst, was sie tue. Dann riss sie gegen alle Regeln der Höflichkeit die Tür sperrangelweit auf und warf die beiden hinaus: »Zum Teufel und auf Nimmerwiedersehen!« Mrs. Mecca nahm ihre ganze Würde zusammen, fixierte die Haarnadeln in ihren Locken, hakte sich bei dem verdatterten Priester unter und machte sich mit hoch erhobenem Kopf auf den Heimweg, während sie den schlammigen Schlaglöchern auswich, die überall lauerten.

Obwohl sie in derselben Stadt wohnten, begegneten sich Mrs. Hočevar und Miss Mecca nie wieder. In widrigen Zeiten, die nichts Gutes verheißen, verlangt das Glück Wagemut, Tatkraft und Opferbereitschaft. Mrs. Hočevar dachte oft an Miss Mecca und fragte sich, wo sie wohl war, wie es ihr ging und ob sie glücklich war, aber sie wagte nicht, offen nachzufragen. Das Viertel hatte sich gegen sie gewendet und redete schlecht über sie, hinter vorgehaltener Hand wurde von Orgien, Opiumzigaretten, halluzinogenen Drinks und unmoralischen Ausschweifungen gemurmelt. Aber das kümmerte sie wenig, sie stürzte sich in die Arbeit, ging an ihren freien Nachmittagen in die Stadtbibliothek, bis es tiefer Winter war, und fand Trost im Freud und Leid, das die Literatur beschreibt. Miss Constanza Mecca, inzwischen Mrs. Totti, wurde in einer eilig vermittelten Ehe, die einem Strafurteil glich, immer trauriger und kraftloser, sie hatte jede Hoffnung verloren und gab sich keinen Selbsttäuschungen hin. Sie war in den Seiten eines schlechten Romans gefangen, der einer Farce glich und bald zu Ende sein würde. Nur ein Jahr und ein paar Monate später klagte Mrs. Totti über ein Unwohlsein, das sie immer ärger und öfter heimsuchte, und während es die Familie ihrer zarten, nervenschwachen Konstitution zuschrieb, wurde sie nach drei Monaten, zwei Wochen und fünf Tagen mit entsetzlichen Schmerzen im ganzen Körper bettlägerig, und Mitte August 1928 wurde metastasierter Brustkrebs diagnostiziert. Nach einem kraftraubenden, aber aussichtslosen Kampf schloss sie am ersten Montag im Oktober für immer die Augen – in der Gewissheit, zumindest eine große, romantische Liebe erlebt zu haben. Ihr letzter Wunsch war, auf dem Harleigh Friedhof in derselben Erde und unter demselben Gras wie der von ihr geliebte Dichter und Humanist Walt Whitman begraben zu werden. Es war schon nach Mitternacht, als Mrs. Hočevar beim Durchblättern des »Courier Post« von letzter Woche auf die Todesanzeige der 28-jährigen Constanza Totti-Mecca stieß, über alles geliebte Ehefrau, Schwester, Tochter, Tante – und Geliebte, wollte sie ergänzen. Doch Tränen und aufsteigende Trauer erstickten ihre Stimme.

Obwohl Nontas Kambanis nur ein kleines Rädchen in der ganzen Geschichte gewesen war, durch die das skandalöse Geheimnis ans Licht kam, und gewiss nicht Anstifter oder Urheber des Übels, wurde er als Lügner abgestempelt, für schuldig befunden an dem doppelten Unglück, das über Familie Mecca hereingebrochen war. Jetzt, da das schreckliche und verfluchte Stigma der Krebskrankheit auf ihnen lastete, war er der geeignete Sündenbock. Die rasende Wut auf Mrs. Hočevar verpuffte und übertrug sich auf den kauzigen, intriganten Zugereisten, der von Anfang an allen unsympathisch gewesen war, der seine krumme Nase überall hineinsteckte und ständig Gift und Galle spuckte. Erst nachdem er eines Abends unverhofft an ihrer Tür gestrandet war, brach ein Unglück nach dem anderen über ihre unschuldige Familie herein, und auf dem von Mrs. Mecca auf Anraten ihrer Tochter außerordentlich einberufenen Familienrat wurde – vorwiegend auf das Betreiben und die Anschuldigungen von Nino Cavani hin – einstimmig beschlossen, den verleumderischen, schamlosen Griechen so schnell wie möglich loszuwerden und ihn aus seinen Dienstpflichten zu entlassen. Er solle sich so schnell vom Acker machen, wie er gekommen war, man sei ihm nicht böse, er würde, wie so viele andere auch, seinen Weg machen. Nachdem sie alles bis ins letzte Detail besprochen hatten, öffneten sie eine Flasche Rotwein, die für derartige feierliche Anlässe im Weinkeller lag, und alle ihre Zweifel waren beseitigt. Sie dachten an die seltenen Tugenden und die angeborene Güte der viel zu früh verstorbenen jungen Frau und wünschten ihren Enkeln von ganzem Herzen Freude und Reichtum.

Die Neuigkeiten erreichten Nontas Kambanis in seiner Zweizimmerwohnung am Bergen Square, wo ihn das Oberhaupt der Familie Mecca aufsuchte und ihm, wie immer in Begleitung seiner unverzichtbaren Schläger Sergio und Pepito, die unangenehme Nachricht überbrachte. Ein Kreis schloss sich, eine Ära war zu Ende und der November wieder einmal klirrend kalt. Nontas Kambanis, der bald schon zu Antonis werden sollte, spürte, wie ihm der Boden unter den Füßen schwand. Der Verlust des lukrativen Lohns und der passionierten Tätigkeit in der Schnapsbrennerei schmerzte ihn viel weniger als der Verlust des Wohlwollens und der Zuneigung derjenigen Menschen, die er als seine Familie betrachtete. Aber jetzt verboten sie ihm jede Einmischung in ihre Angelegenheiten und unterstellten ihm ganz offen heimtückische Motive. Er habe eine unschuldige und schutzlose junge Frau entehrt und in den Schmutz gezerrt. Sie machten ihn für die Krankheit von Constanza Mecca verantwortlich, durch seine lügnerischen, haltlosen Behauptungen habe er sie frühzeitig ins Grab gebracht. Antonis Kambanis hörte der langen Anklage ungläubig zu, akzeptierte schweigend die Vorwürfe, bat um Verzeihung und dankte seinem Boss für die guten Jahre, die er bei ihm verbracht hatte. Dann schloss er die Tür hinter den Meccas und nahm sein Leben selbst in die Hand. Was hatte er bloß falsch gemacht? Nach einer schlaflos verbrachten Nacht, in der ihm die schlimmen, ungerechten Vorwürfe keine Ruhe ließen, beschloss er, von jetzt an nur noch mit Griechen umzugehen, so bösartig, so durchgeknallt und so verkorkst sie auch waren, zumindest waren sie vertraut und ein Stück Heimat.

Mit seinen Ersparnissen mietete Antonis Kambanis eine kleine Wohnung im östlichen Camden an der Grenze zwischen Cramer Hill und Dudley, in einer Gegend, wo sich fast hundert Griechen angesiedelt hatten und vom Bau einer griechisch-orthodoxen Kirche und eines Kulturzentrums, Treffpunkt und Veranstaltungsort zugleich, träumten. Mit seinem restlichen Geld konnte er etwas Eigenes auf die Beine stellen, bei der Stadt eine Genehmigung als Straßenhändler beantragen und mit einem fahrbaren Verkaufstresen kulinarische Köstlichkeiten anbieten. Aber Bratwürste und Hefekrapfen brauchten seiner Meinung nach eine zarte weibliche Hand. Daher beschloss er, sein knappes Kapital in Obst zu investieren, Äpfel und Orangen im Winter, Erdbeeren und Kirschen im Frühjahr, und im Spätsommer, wieso nicht, Kaktusfeigen, Himbeeren und Brombeeren. Nach einem knappen Monat hatte er alles beisammen und zog durch die Straßen. Obwohl die Arbeit mühselig war und ihm das lange Stehen stechende Rückenschmerzen verursachte, war der Verdienst nicht schlecht. Er konnte die Rechnungen bezahlen und sogar etwas auf die Seite legen. Den Banken vertraute er nicht, die Geldscheine bündelte er zu Rollen wie alte Frauen ihr Häkelgarn und stopfte sie in seine Matratze. Das hatte ihm seine Mutter beigebracht, die 1893 den griechischen Staatsbankrott unter Ministerpräsident Trikoupis miterlebt hatte. Geldscheine seien wie Liebhaber, die wolle man auch zum Greifen nah haben, denn sonst: aus den Augen, aus dem Sinn. Obwohl Antonis Kambanis 1928 die Sirenenrufe hörte, die mit hohen Gewinnen lockten, verzichtete er darauf, mit geliehenem Geld zu zocken und in das goldene Schwindelgefühl, das der Höhenflug der Börsenkurse verschafft, zu investieren. Nach dem Börsenkrach vom Oktober 1929 endete er allein dadurch nicht als Verlierer, weil er sein ganzes Bargeld zwischen billigen Daunenfedern versteckt hatte.

Während Banken und Aktienkurse wie Kartenhäuser zusammenbrachen und Sparer wie Investoren in den finanziellen Ruin rissen, genoss Antonis Kambanis die bescheidenen Früchte seiner Arbeit, die er wie seinen Augapfel hütete. Aber die Lage wurde immer schlimmer, innerhalb eines Jahres war sein Umsatz als Straßenhändler um fast siebzig Prozent gesunken, die Ware verfaulte, und er war gezwungen, sie zu einem Drittel des Verkaufspreises zu verschleudern. Sein Gewinn schrumpfte auf ein paar Zinkmünzen, auf Fünfer und Zehner, deren hässliches, flehendes Geklimper in seinen Ohren schmerzte. Als die Internationale Vereinigung der Apfelbauern im Herbst 1930 die geniale Idee hatte, die liegengebliebene Ware auf Kommission an dreihundert Obdachlose zu verteilen, die mit provisorischen Verkaufsständen von Viertel zu Viertel zogen, ihren sozialen Abstieg zur Schau stellten und das Land mit Äpfeln für fünf Cent das Stück überschwemmten, haderte Antonis Kambanis mit dem Schicksal. Bald sah er ein, dass es besser war, die Altlasten loszuwerden. Er gab die überschüssige Ware an Straßenjungen weiter, die immer zahlreicher herumlungerten und in Mülleimern nach Essbarem wühlten. Dann beschloss er, das Ruder herumzureißen, ließ den Straßenhandel und den Reinfall mit den Äpfeln hinter sich, mietete ein Loch von vier Quadratmetern in Dudley und gründete 1931 mit einem Geschäftspartner aus Saloniki einen Schusterladen, die »Zweite Chance«. Als langsam immer mehr Aufträge eingingen und zwei Zehner pro Tag heraussprangen, stellten sie eine Flickschneiderin aus der Levante ein, die schon bessere Tage gesehen hatte, und ihr Tagesumsatz stieg auf einen halben Dollar. Nur kroch die Zahl der Aufträge so langsam nach oben wie ein Automobil im ersten Gang, und gerade als sie ein wenig Gas geben wollten, um endlich ein Stück voranzukommen, ging ihnen das Benzin aus. 1933 sprang nur noch ein mickriger Zehner pro Woche heraus, alle kauften auf Pump und mit Essensmarken, die Wirtschaft stöhnte unter dem Brennstoffmangel, und in der Krise schossen überall mildtätige Vereine mit dutzenden Freiwilligen aus dem Boden und Barackensiedlungen, die man nach ihrem Erfinder, dem amerikanischen Präsidenten, »Hooverville« nannte. Die Warteschlangen vor den Suppenküchen ringelten sich kilometerlang um die Städte, beim Fleischer bettelten alle um ein Stückchen mehr unter der Hand und schickten ihre Kinder vor, um nach Knochen für den Hund zu fragen, den sie nicht hatten und niemals haben würden. Mitten in dieser beklagenswerten Misere kam Antonis Kambanis auf die Idee, sich Hals über Kopf zu verlieben, und damit war sein Glück oder Unglück besiegelt.

IX

Familienessen:
das Licht
zu matt

Danielle Murdoch,
Gewinnerin des Nicholas A. Virgilio-Haiku-Schülerwettbewerbs

Zur Überraschung von Basil und Susan waren Leto und Minnie bald unzertrennlich. Susan zweifelte erst, wie aufrichtig diese Freundschaft war und ob ihre Tochter den Gast vielleicht ausnutzte, aber dann sah sie, dass eine besondere, durchaus zweckmäßige Freundschaft die Mädchen verband. Anfangs schien Leto die Oberhand zu haben, aber jetzt hat sich die Situation grundlegend geändert: Minnie hält die Zügel in der Hand und gibt die Richtung vor. Basil glaubt nicht mehr daran, dass das traute Heim ein ruhiger und sicherer Rückzugsort ist, er wittert überall Verrat, er ist überzeugt, dass Susan diesen Umschwung inszeniert hat und die Mädchen mit ihr unter einer Decke stecken, alle gemeinsam hätten sich gegen ihn verschworen, wollten ihn hereinlegen, wollten ihn überreden, seine Meinung zu ändern und zu bleiben, aber dazu würde es nicht kommen! Je länger er darüber nachdenkt, umso halsstarriger wird er. Er erinnert sich an seine erste Liebe, eine Übeltäterin aus Smyrna, die ihn betrog, an seine zweite Liebe zur stillen, zurückhaltenden Tochter des Ladenbesitzers Stein, an die er fest glaubte und über die er erst nach zwei Jahren hinweg war, und an seine dritte, bittere Liebesbeziehung zur Tochter des Pillendrehers, die kurz vor der Hochzeit auseinanderbrach. Danach hatte er sich, auf der Suche nach Heilung, kopfüber in Susans Arme gestürzt, die ihm heute Abend wie die krummen Fänge eines Raubvogels vorkommen. Aus ihrem verkniffenen Mund dringt kein einziges gutes Wort, sie faselt nur von verpassten zweiten Chancen. Da dringt die Stimme seines Vaters aus der Vergangenheit zu ihm, als spräche er durch ein Megaphon mit schallendem Echo, auch zweite Chancen seien schal und leer und gedacht für alle, die noch dritte und vierte Chancen nötig hätten, weil sie von Misserfolgen nicht genug bekommen konnten. »Hörst du mich, Vassilis? Ich rede mit dir! Oder bist du wieder in Wolkenkuckucksheim?«

Vassilis – oder Basil, das war sein amerikanischer Name – wohnte wirklich in Wolkenkuckucksheim, er war ein sensibler Typ, für den die Liebe alles bedeutete. Als er klein war, behauptete er, wenn er groß sei, wolle er wie das liebe Jesuskind werden. Seine Altersgenossen machten sich über ihn lustig und zielten mit Steinen und Flüchen nach ihm. Das hielt an, bis er zwölf war und aufhörte, alles geduldig zu ertragen und sich einzubilden, ein heiliger Märtyrer zu sein. Das machte ihn stark, im wörtlichen und im übertragenen Sinn, rasch wuchs er zu einem Meter siebzig, seiner endgültigen Größe, heran. Er sah gut aus oder wenigstens fast, sein Blick mit den langen, dunklen, melancholischen Wimpern, die seine honigbraunen Augen beschatteten, war samtig weich. Er geriet nach seiner Mutter Rallou, die aus Asomatos auf Lesbos stammte und in ganz Dudley bekannt war für ihren schönen, kerzengeraden Gang, für ihre herrlichen selbstgemachten Gerichte und für den Ouzo, den sie literweise in sich hineinschüttete, wenn der Weltschmerz sie überkam. Dann rannte sie hinaus auf die Straße, nicht wiederzuerkennen und völlig außer Kontrolle, und fuhr die Passanten mit groben Gesten und unflätigen Worten an.

Die größte Sorge des kleinen Basil war, dass seine Mutter entgleiste, wenn sein Vater noch im Laden oder gerade geschäftlich unterwegs war. Dann leierte Basil selbsterfundene Gebete herunter und wurde wieder zum lieben Jesuskind, das stoisch jeden Schmerz ertrug und alles Schändliche, das ihm zustieß, verzieh und vergab.

Aber ein Unglück kommt selten allein. Eines ruhigen Mittags, Anfang Juni 1944, zu Beginn der Hitzeperiode, als auf den Straßen wenig los war, setzte sich Antonis Kambanis mit halbstündiger Verspätung im Schusterladen an sein Mittagessen. Rallou, die aussah wie ein Gespenst, ging hinaus auf die Straße, und obwohl sie noch keine drei Halbliter-Karaffen Rotwein ausgetrunken hatte, war ihr seltsam schwindelig, ihre Beine waren taub und – wie mit Absicht – lief sie vor das erste heranbrausende Auto. Basil rannte hinter ihr her, um sie ins Haus zurückzuholen, aber er kam ihr nicht zu Hilfe, sondern blieb stehen und starrte auf den reglosen Leib seiner Mutter, der auf der Straße lag, und auf den schreienden Fahrer. Er war sicher, dass seine Mutter tot war. Er öffnete die Tür, ging zurück ins Haus, machte hinter sich zu, leerte den Inhalt der Glaskaraffe in die Spüle, machte sie gründlich sauber und stellte sie zurück in den Schrank, dann setzte er sich aufs Sofa und wartete. Als sein Vater gegen Mitternacht nach Hause kam, rief er ihn zu sich und verpasste ihm eine Ohrfeige, die er sein Leben lang nicht mehr vergessen sollte. Seine Mutter lebte, blieb aber für immer gelähmt, das hieß, ihre Sorgen waren nicht vorbei, sondern hundert Mal größer als zuvor.

Basil hatte kein gutes Verhältnis zu seinem Vater, es gab keine gemeinsamen Interessen, die sie verbinden konnten. Antonis Kambanis probierte, ihm das Schustern beizubringen, aber der Junge hegte eine große Abneigung gegen alles

Handwerkliche und stattdessen ein tiefes Interesse für Bücher, er hatte einen starken Hang zum Lesen und Schreiben. Obwohl Antonis Kambanis all das mit Unverständnis quittierte und nicht guthieß, denn in seiner Familie hatte sich niemand mit künstlerischem Tralala beschäftigt, kapitulierte er schließlich vor der sturen Beharrlichkeit seines Sohnes. Außerdem lief das Geschäft prima, sie hatten drei weitere Filialen der »Zweiten Chance« eröffnet, und zwei davon gehörten ihm allein, mit Industrie und Wirtschaft ging es bergauf, und die USA und die Alliierten waren kurz davor, den Zweiten Weltkrieg zu gewinnen. Da Antonis Kambanis keinen Gehilfen einstellen konnte, eilte er selbst von Laden zu Laden, um die fertigen Lieferungen und die Buchhaltung zu kontrollieren, und Basil Kambanis passte mit einem Schreibheft und einem Buch in der Hand auf Rallou auf. Wenn er, was immer öfter vorkam, genug vom Lernen hatte, holte er die Comics von Superman und der fiktiven Stadt Metropolis hervor und verschlang sie von vorne bis hinten. Den Tick mit dem lieben Jesuskind hatte er noch nicht ganz überwunden, aber der nächste Superheld in seinem Leben wurde Superman, der war viel cooler, sah viel besser aus und lebte mitten unter ihnen, nach außen hin ein normaler Mann, der übermenschliche Kräfte besaß und damit dem Allgemeinwohl diente. Während seine bettlägerige Mutter nach einem Glas starken Wein rief, nahm sich der neunjährige Basil Kambanis fest vor, ein erfolgreicher Journalist zu werden und die Welt von ihren krankhaften Selbsttäuschungen zu heilen.

Als er sich ein Jahr später in der Schülerzeitung von East Camden ausprobierte, erlitten seine Pläne Schiffbruch. Seine ellenlangen Artikel über giftige Amazonas-Spinnen und die Lebensgeschichten heiliger Märtyrer interessierten niemanden. Sein ausführlicher, langatmiger und gestelzter Stil langweilte die Leser, die man an den Fingern einer Hand abzählen konnte und die freudig zum nächsten Artikel umblätterten, weil sie sich für lebensnahe und leicht verdauliche Themen interessierten – dafür, welcher Eissalon der beste war, wie man den besten Pfeil schnitzte, wie man die Freundin seiner Schwester beeindruckte; für die zehn Tipps, wie man eine stabile, treffsichere Schleuder baute, wie man ein Selbstbräuner-Spray auf die Beine auftrug; und dafür, was junge Männer miteinander redeten, wenn sie unter sich waren, verfasst von der nervigen, zwei Jahre älteren Bonnie; oder dafür, was junge Frauen miteinander redeten, wenn sie unter sich waren, verfasst von seinem Mitschüler, dem unsympathischen, nur ein Jahr älteren Möchtegern-Dandy mit dem wenig schmeichelhaften Spitznamen »Smoothie«.

Für Basil endete der Zweite Weltkrieg mit den Jubelparaden von Heimkehrern, die militärische Rangabzeichen, Orden und Medaillen trugen, für Antonis Kambanis mit dem Verlust einer goldenen Ära, in der er mit Flickwerk gutes Geld verdient hatte. Jetzt kam der Aufschwung, die Frauen traten in die Erwerbsarbeit ein, die Aktienkurse stiegen, die Bekleidungsindustrie und die Schuhfabriken standen schick herausgeputzt bereit, und es war nur noch eine gnadenlose Frage der Zeit, wann ihn die Kundschaft hängenließ. Während Basil seinen Vater heimlich musterte, der über den Tresen gebückt Absätze reparierte, wünschte er sich von ganzem Herzen, nicht so zu werden wie er.

Es ist drei Uhr nachmittags, die Mädchen sind in der Schule, Susan ist im Bad, und Basil jagt den Tausendfüßler, der sich im Unterschrank der Spüle hinter dem Abflussrohr verkrochen hat. Immer verbissener versucht er, ihn in die Enge zu treiben und mit dem rechten Schuh, den er in der

Hand hält, zu erschlagen. Doch jedes Mal entwischt er mit seinen siebzehn, vielleicht auch zwanzig Paaren rastlos herumkrabbelnder Beine. Er verspritzt ein giftiges Sekret und spielt zwischen den Ritzen und Spalten des Holzes mit ihm Verstecken. Basil schlägt von oben, von unten, von rechts und von links zu, immer wieder und ohne Erbarmen. Als er nach sieben missglückten Hieben mit leeren Händen dasteht, fragt Susan, die hinter ihm steht, das Handtuch um den Kopf zum Turban geschlungen, auf ihre vertraute, abschätzige Art: »Was ist nur in dich gefahren?« Basil ignoriert sie und konzentriert sich auf den letzten und tödlichen Hieb, sollte sich der Tausendfüßler hervorwagen. Tatsächlich schafft er es, ihn mit einem lauten Knall an der Wand zu zerquetschen. Susan, die sich keinen Millimeter von der Stelle rührt, als er sich mit der Trophäe in der Hand erhebt, will bloß wissen, ob er gekocht hat. Heute sei er mit dem Küchendienst dran, und Basil, den das wenig kümmert, nickt mit einem spöttischen Lächeln: »Aber sicher!« Und Susan hakt nach: »Und, was gibt's?« Da hält Basil triumphierend seine Beute in die Höhe und antwortet: »Gebackenen Tausendfüßler«.

Er ist tatsächlich an der Reihe mit Kochen, aber er will keinen großen Aufwand. Daher holt er drei Sesam-Bagel aus dem Tiefkühlfach, toastet sie und füllt sie mit Frischkäse, Dill und Räucherlachs, drapiert Gürkchen und eine Extraportion Pommes am Rand der tiefen Teller und stellt sie mit einem cremigen Mayonnaise-Krautsalat auf den Tisch samt einer Literflasche Coca-Cola. Als Susan den Mädchen die Tür aufmacht, die in die Wohnung stürmen, packt Basil Kambanis seine Jacke und die Autoschlüssel und geht durch die Hintertür hinaus, setzt sich in seinen Wagen und fährt zum Diner, sein kleines Paradies auf Erden, das er, worauf der Cavani-Enkel beharrt, für eine Handvoll Dollar verkaufen soll. Das legt er ihm dringend ans Herz, da der Kaufpreis um ganze zehntausend Dollar gefallen sei und es bald überhaupt keine Nachfrage mehr gebe, ganz zu schweigen von Verhandlungsspielraum, es sei kein flüssiges Geld auf dem Markt, die US-Notenbank drucke keine Geldscheine nach, und ihr Präsident, der verfluchte Volcker, schraube den Zinssatz immer höher und begründe es mit der hartnäckig hohen Inflation. Wie hoch sollten die Scheißzinsen noch steigen? Sie stünden doch schon bei fünfzehn Prozent, und die Arbeitslosigkeit sei auf acht Prozent hochgeschossen, und das Ärgste sei, laut Gerüchten und Presseberichten sei kein Ende der restriktiven Währungspolitik in Sicht. Trotzdem macht Basil immer noch seine kleinlichen Rechenaufgaben. Anscheinend kommt er besser weg, wenn er den Laden geschlossen hält, dann fallen weniger Ausgaben und Steuern an, darüber hinaus kann er sich das Benzin für die Stadtfahrten sparen. Als er im Diner ankommt, findet er es – erstaunlich für einen Dienstagabend kurz vor Sonnenuntergang – gut besucht vor, zum ersten Mal seit Monaten. Ihn überkommt eine Art Hochgefühl: Er muss sich verrechnet und nicht die ganze Tragweite der Dinge erfasst haben. Es gibt geheime Parameter, potenzielle Multiplikatoren, die er in seinem Rechenmodell nicht berücksichtigt hat. Es gibt Unbekannte und Faktoren, die sich einem zuversichtlichen, zutiefst menschlichen Plan blind unterordnen.

Die zweiundvierzig Gäste mit ihren dunklen Konfektionsanzügen und ihren pastellfarbenen Krawatten, mit ihren wohlgenährten Bäuchen und ihren lauten Scherzen, haben etwas gemeinsam. Alle sind griechische Einwanderer der zweiten und dritten Generation und haben sich zur zweitägigen Jahresversammlung vom Abschnitt 69 des *Griechisch-*

Amerikanischen Progressiven Bildungsvereins getroffen. Sie findet dieses Jahr zum ersten und vermutlich auch letzten Mal in Camden an der Grenze von Dudley und Cramer Hill statt. Der Verein feiert das fünfundsechzigjährige Bestehen des Ortsverbandes West Jersey, der fast die Hälfte der Zeit in Camden residierte. Vor neunundzwanzig Jahren und ein paar Monaten, nach einer stürmischen, von Steuerstreitigkeiten geprägten Sitzung, war der Verein den Söhnen des Perikles gefolgt, den Töchtern der Penelope, den Dienerinnen der Athene und dem heiligen Thomas, dem griechisch-orthodoxen Schutzpatron, und hatte in mühseliger Kleinarbeit seinen Sitz von der Mickle Street in den aufstrebenden und vielversprechenden Vorort Cherry Hill verlegt. Und siehe da, heute sind die Söhne und Töchter erwachsen, ein würdiges Aufgebot der griechisch-amerikanischen Gemeinschaft, die Betonung liegt auf amerikanisch. Sie müssen die anderen, früher eingewanderten und etablierten Minderheiten, die schon von Geburt an Vorrechte und Führungspositionen einfordern können, nicht länger beneiden. Die Mitglieder des *Griechisch-Amerikanischen Progressiven Bildungsvereins* sprechen die Sprache perfekt, sie haben studiert und Unternehmen aufgebaut, sie sind Anwälte oder Ärzte und haben alle mehr oder weniger dieselben Träume – dass ihre Kinder eines Tages die erste Million einstreichen und dass sie auf ihre Sprösslinge so stolz sein können wie auf ihre Vorväter, welche die weite Reise ans andere Ende der Welt auf sich genommen haben. Und so bestellen sie in Basils Diner immer mehr Wein, Bier und Ouzo aus Lesbos, den er für seltene Ausnahmen in der Vorratskammer gehortet hat. Es ist schon fast zehn, und der immer noch volle Laden strahlt genau die stickige, rauchgeschwängerte Gemütlichkeit aus, die sich manchmal aus spontanen Abenden süßer Trunkenheit entwickelt. Veronica schlängelt sich zwischen den Tischen durch wie ein junges Mädchen, nur die rosa Schleife im Haar und der Cheerleading-Dress fehlen. Er erinnert sich an die guten alten Zeiten, als jeden Abend Partystimmung herrschte, die Lokale sich schon früh füllten und in den Straßen das Leben tobte. Basil, der ein paar Gläschen über den Durst getrunken hat, kommt mit einem vierzigjährigen Mann aus Chios, Einwanderer der zweiten Generation, ins Gespräch. Er ist ein Unternehmensberater, der alles hinter sich lassen und in die Heimat seines Vaters zurückkehren will. Was er verdient habe, habe er verdient, sagt er, er wolle alles auf der Heimatinsel investieren, die Ruinen seines Elternhauses wieder aufbauen und eine Familie gründen, und was übrigbleibt, in eine große Geschäftsidee stecken. Die Firma, die er vor Augen habe, solle konkurrenzlos gut sein, die Gesetze seien förderlich und die Dinge in Griechenland im Wandel, bald sitze einer der Ihrigen in der Regierung, aufgewachsen in den USA, ein aufrechter Demokrat, eine neue Sonne gehe auf, grün und hoffnungsvoll, wie auf einem frühen Dalí-Gemälde. »Wandel hier und jetzt!«, wiederholt er den Slogan von Andreas Papandreou. Jetzt sei die Gelegenheit zur Rückkehr, jetzt könnten sie den Stier bei den Hörnern packen, sie hätten das Know-how, den Flusslauf der Geschichte umzuleiten und die dürren, unfruchtbaren Landstriche in blühende Landschaften zu verwandeln. Er haut auf den Tisch, voller Zorn und Verlangen nach all den Dingen, die seinen Vorvätern schon zustanden, nach dem fernen Vermächtnis, das von Mund zu Mund, von Generation zu Generation weitergegeben wurde. »Worauf warten wir noch, verdammt noch mal?« Basil hält es nicht mehr an seinem Platz, nervös rutscht er auf dem Hocker hin und her, während die Worte des Chioten auf ihn einprasseln. Da fällt ihm die Lösung ein, wie ein Blitz aus heiterem Himmel, der die Dunkelheit zerreißt, oder wie ein Planet, der rund, voll und strahlend hell vor ihm auftaucht, nachdem er den Himmel tausende Lichtjahre lang überquert hat. Kann sein, dass sein Griechisch armselig und gebrochen ist. Kann sein, dass seine Finanzen Schiffbruch erlitten haben. Aber der Dollar ist stark und die Drachme schwach, der Wechselkurs steht verlässlich 1:43. Das schenkt ihm einen finanziellen Vorteil, der ihm – wohl kalkuliert und klug investiert – den verlorenen, unglücklich verpassten Gewinn eines ganzen Lebens einbringt. Zum Teufel mit Susan und den Mädchen, der Verkaufserlös des Lokals steht ihm ganz allein zu. Plötzlich, im süßen Taumel des Alkohols, sieht die Zukunft rosig, sorglos und federleicht aus – im Licht eines ewigen Sommers, im Zirpen der Zikaden und im Rauschen des Meeres. Auf seiner Zunge schmeckt er das Kerbelaroma, das sich auf seinem Teller mit den süßen Erbsen und den frisch geschälten Artischockenherzen vermählt.

Basil Kambanis erwacht auf dem Ledersofa im Diner, beim ersten zögerlichen Februarlicht an diesem Morgen im Jahr 1981. Er hat schlecht gelegen, und seine rechte Schulter schmerzt, sein Kopf ist bleischwer, und das »Ariadne« sieht aus wie ein Bombenkrater in einer düsteren Landschaft aus zahllosen Farbtupfern, wie das Erstlingswerk eines neoimpressionistischen Malers. Als er aufstehen will, um Kaffee zu kochen und sich frisch zu machen, wirbelt die Erinnerung an den gestrigen Abend hoch. Er packt den Besen und den Mopp, um das Gröbste zu beseitigen, bis die Putzfrau kommt, die ihm morgens beim Aufräumen hilft. Während er mehr Augenwischerei als Reinemachen betreibt, schlendert eine Gruppe junger Latinos mit Sturmhauben und Hoodies am Schaufenster des Diners vorüber. Ein kleiner Dünner bleibt unruhig tänzelnd stehen, zieht sich die Hose hoch, die ihm zwei Nummern zu groß ist, und linst ins Innere, während er einen schweren Stein in der Hand wiegt.

X

Antonis Kambanis hatte nicht vor, sich zu verlieben. Im Lauf der Jahre hatte er sich damit abgefunden, dass er ohne Nachkommen altern und in seiner kleinen Junggesellenwohnung mit dem Hinterhofgarten einsam und allein seine Augen für immer schließen würde. Seine Ersparnisse wollte er der Krebshilfe spenden, um Unglück von sich abzuwenden, denn er glaubte an das verdammte Schicksal, ganz wie seine Mutter und seine glücklosen Vorfahren, die nur Armut und Krankheit erlebt hatten. Trotzdem hatte er sich von seinem Geschäftspartner aus Saloniki nach langem Zögern überreden lassen, zum Jahresball des *Griechisch-Amerikanischen Progressiven Bildungsvereins* im Luxushotel *Walt Whitman* mitzukommen. Er holte seinen alten, mottenzerfressenen Anzug aus dem Schrank, und als er ihn anprobierte, stellte er zu seinem großen Bedauern fest, dass er in den elf Jahren seit dem Tod seiner Mutter genauso viele Kilos zugenommen hatte, die Hosenstulpen eine ganze Handbreit zu kurz waren und das Sakko nicht mehr zuging. In dieser erbärmlichen Aufmachung konnte er sich unmöglich auf dem Ball sehen lassen. So gab er seinem Geschäftspartner kleinmütig Bescheid, er habe Fieber und die Knochen täten ihm weh, und er solle nicht mit ihm rechnen. Doch Takis kannte seinen schwerfälligen, mutlosen Freund, und als er ihm auf den Zahn fühlte und merkte, wo das Problem lag, schickte er noch am selben Tag die levantinische Schneiderin mit einem Leihanzug vorbei. Die Zeit drängte, und eilig brachte sie sein Äußeres so weit auf Vordermann, dass Antonis Kambanis am 22. April 1933 um Viertel nach acht unverhofft gut gekleidet in seiner Wohnung vor dem Spiegel stand.

Für die griechisch-amerikanische Gemeinde war der jährliche Tanzabend zweifellos das größte Ereignis des Jahres nach dem heiligen Osterfest, bei dem sich die angesehenen Bürger ein eindrucksvolles Stelldichein gaben. Da man trotz der erheblichen wirtschaftlichen Not jedes Mal die alten Kleider und Anzüge auftrennte und daraus nach den aktuellen Modetrends neue nähen ließ, erfreute sich Antonis Kambanis, ohne sich dessen bewusst zu sein, einer allgemeinen, stillen Wertschätzung. In seinem kleinen Laden bekamen zahlreiche Kleider und noch mehr Anzüge eine zweite Chance, und seine Schneiderin, die aus Stroh Gold spinnen konnte, trug den Spitznamen »Rockefeller mit der Nähnadel«. Man munkelte, auch Damen der guten Gesellschaft, die finanziell in der Bredouille waren, schlichen sich kurz vor Ladenschluss zu ihr und vertrauten ihr heimlich ihre prächtigen, beweglichen Güter an – ihre teuren Kleider, die mit der Zeit Form und Glanz verloren hatten und ausgebessert, retuschiert und renoviert werden mussten. Während Takis aus Saloniki die doppelt gesteppten Säume der Levantinerin bewunderte, stand Antonis Kambanis, von all den raschelnden Kleidern und den süßen, betörenden Düften betäubt, in einer Ecke und betrachtete gleichgültig die Musikkapelle, die gerade die Bühne betreten hatte und griechischen Foxtrott und Tango zum Besten gab. Als die Sängerin mit sinnlich-rauer Stimme mal von einer neuen Liebe sang, mal den unvergesslichen Zeiten einer alten Liebe nachtrauerte, spielte Kambanis mit dem kleinen, stumpf gewordenen Taufkreuz an seiner Halskette, das er in seinen zweiunddreißig Lebensjahren noch nie abgelegt hatte.

Da erblickte er sie, wie sie aufrecht und allein in der Menge stand, das Spendenkörbchen für die Vereinsmitglieder in der Hand. Zwei Minuten später sah er, wie sie graziös durch den Saal wirbelte und mit einer Gruppe gut gekleideter Herren scherzte, während deren Ehefrauen, die sich am Rande der Gruppe und des Gesprächs befanden, ihr giftige, zornerfüllte Blicke zuwarfen. Antonis Kambanis nahm seinen ganzen Mut zusammen, ging auf sie zu, warf seinen Obolus für den Bau der griechisch-orthodoxen Kirche ins Spendenkörbchen und sprach sie schüchtern an. Sie war fast zehn Jahre älter als er, mit schönen, feinen Zügen, die von ihren vierzig Jahren und von den Sorgen des Lebens ein wenig kantiger, aber nicht hässlicher geworden waren. Das Wunderbarste an ihr waren die graugrünen, hypnotisierenden Augen, die einen zwangen, nach ihrem Rhythmus zu tanzen. Als Antonis Kambanis, der mit Frauen unerfahren und tollpatschig war, unter ihrem langen Blick ganz verwirrt erneut sein Portemonnaie zückte, um Geld ins Körbchen zu werfen, lachte sie ungezwungen, hielt seine Hand fest und winkte ab: »Das reicht schon!« Seine ersten Dollars seien genug, um den Zweck zu heiligen, und dann stellte sie sich vor: »Ich bin Rallou, Rallou aus Lesbos«. Mit einem »Antonis, Antonis Kambanis« gab er ihr die Hand, und sie verschwand mit einer mädchenhaften Drehung und einem tiefen, perlenden Lachen aus seinem Blickfeld und blieb ein paar Grüppchen weiter mit dem Körbchen und Arm in Arm mit ihrer Freundin aus Smyrna stehen. Es war fast Mitternacht, der Höhepunkt des Abends näherte sich. Beim letzten Glockenschlag ließen alle wie auf Kommando die guten

Taten und wohltätigen Zwecke des vergangenen Tages hinter sich und signalisierten der Kapelle, griechische Tänze zu spielen.

Er musste sie noch einmal ansprechen! Dieser heftige Wunsch wurde immer quälender, er drang ihm unter die Haut und raubte ihm den Atem. Er suchte nach Mitteln und Wegen, sich ihr zu nähern, vom Tanzen hatte er keinen blassen Schimmer, seine Bewegungen waren, obwohl er eigentlich wendig und sehnig war, alles andere als harmonisch. Wie ein Holzklotz stand er in einer Ecke und lauerte auf den Moment, da sie zufällig neben ihm stehenbleiben würde, um sie mit schmeichelnden Worten für sich zu gewinnen. Aber die beiden Male, da sie auf ihn zukam, packte er die Gelegenheit nicht beim Schopf, denn ein Dritter rief nach ihr, oder eine Freundin begrüßte sie. Antonis Kambanis saß auf glühenden Kohlen, und als es Viertel nach zwei war, fand er sich damit ab, dass er nicht den Mumm hatte, sich ihr zu nähern. Er verließ seinen Posten und wandte sich zur Toilette, wo er beim Klang glühender Liebesklagen geduldig wartete, bis er an der Reihe war. Aber plötzlich sah er sie, er erkannte ihre Silhouette hinter der Milchglasscheibe der Tür und ihre Hände, die sich im Waschbecken vom Wasserstrahl streicheln ließen. Wie ein Rammbock stürmte er nach vorn, um ihr die Worte zu sagen, die er die ganze Zeit schon mit sich herumtrug und immer wieder vor sich hersagte. Jetzt aber blieben sie an seinen Lippen hängen, balancierten auf der Kippe zwischen innen und außen und machten ihn zum Gespött. Sie stockten, ohne den verzweifelten Schritt – egal, was daraus würde – nach draußen zu wagen. Da die Sprache ihm nicht gehorchte, übernahmen die Hände das Reden und taten, was tausend Worte nicht hätten leisten können: Er löste die Kette mit dem Taufkreuz und legte sie ihr um den Hals. Rallou schlug tief gerührt die Augen nieder und neigte den Kopf vor dem Mann, der sie zu seiner Frau und zur Herrin seines Hauses ausersehen hatte.

Rallou brachte nichts weiter mit in die Ehe als ihre Fröhlichkeit und ihr hübsches Aussehen, sie war wie der Morgentau, der den Blättern neues Leben einhaucht und die Blütenstempel zum Glitzern bringt. Sofort ging sie auf Antonis Kambanis' Angebot ein, denn er war anders als die anderen, schüchtern, aber handwerklich geschickt, und was andere als Charakterschwäche deuteten, war in Rallous Augen Respekt. So trat sie im Oktober 1933 mit ihm die Reise ins unbekannte Land der Ehe an, sie gründeten ihren Hausstand in Kambanis' kleiner Bude, mehr Platz brauchten sie nicht. Anfangs gingen sie gemeinsam zur Arbeit in die »Zweite Chance«, alles lief wie am Schnürchen und mit schöner Regelmäßigkeit, nur Takis aus Saloniki waren die kleinen Veränderungen, die ihm auffielen, ein Dorn im Auge: Die Ikone des heiligen Demetrios zu Pferd, des Stadtheiligen von Saloniki, hing jetzt an einer anderen Wand und an ihrer Stelle eine Stickerei aus Lesbos. Der Pfriem lag nicht am gewohnten Platz, und ständig lagen Krümel auf Arbeitstresen und Fußboden. Er fühlte sich in die Enge getrieben, es gab Momente, wo er alles hinschmeißen, seinen Anteil nehmen und einfach abhauen wollte, denn er war ein reizbarer, sprunghafter Charakter und ein Frauenhasser obendrein. Er zündete sich eine Zigarette nach der anderen an, um seine Nerven zu beruhigen und sein heimliches Verlangen nach der Frau aus Lesbos zu bändigen. Ihm gegenüber hatte sie sich vor Jahren geziert, damals hatte sie ihn links liegen lassen, und jetzt schwang das Weibsbild das Zepter, und noch dazu in seinem eigenen Laden, was für ein Alptraum.

Der böse Wind, der durchs Geschäft wehte, wollte sich nicht legen; es musste ein Fallwind sein, der alles durcheinanderwirbelte. Auch der ersehnte Regen blieb aus, um die Streitereien fortzuspülen, die sich wie dicker Staub auf die Oberfläche der Dinge senkten. Mit der Zeit wirkten sie trüb und unkenntlich und nicht mehr so unantastbar wie einst. Das einzige, was Antonis Kambanis interessierte, war seine Arbeit und sein Anteil am Gewinn. Takis schwieg zu allem, was seiner Meinung nach schiefging, obwohl es ihn nervte. Stattdessen begann er, durch gehässige Kommentare und spitze Bemerkungen fein dosiert sein Gift zu versprühen. Sein Verhalten wurde so unerträglich, dass nur noch Rallous Geschrei ihm Paroli bot und zur Vernunft brachte. So verfestigte sich Tag für Tag, Woche für Woche ein düsteres Ritual, das die Stammkundschaft mit seiner unerbittlichen Wucht überraschte, mit den Jahren jedoch ein vertrauter und wunderlicher, aber nicht wegzudenkender Bestandteil der »Zweiten Chance« wurde. Takis schimpfte und setzte Rallou herab, doch sie ließ sich nicht unterkriegen und gab ihm die Komplimente so zurück, dass es selbst dem Hartgesottensten die Schamröte ins Gesicht trieb. Immer wenn Antonis Kambanis versuchte einzuschreiten, geriet er zwischen die Fronten. Am Schluss hatte er die Schnauze voll und kapitulierte vor dem Zorn der anderen. Er hielt sich aus den Streitereien heraus und stürzte sich mit unermüdlichem Einsatz in die Arbeit. Dabei bewies er so viel Talent und Hingabe, dass er schon zwei Jahre später die zweite Filiale in Parkside eröffnen konnte.

Ein neues Zeitalter brach an. Im Dezember 1933 wurde das Prohibitionsgesetz durch den 21. Zusatzartikel der US-Verfassung aufgehoben. Der Chemie-Krieg war zu Ende, den die Regierung Coolidge den Trinkern im Winter 1926 erklärt hatte. Alkohol war dabei mithilfe von Methylalkohol, Benzin und Formaldehyd denaturiert worden, was Tausenden amerikanischen Bürgern, wie auch Mediziner einräumen mussten, das Leben gekostet hatte. Ahnungslos konsumierten sie blau getönten, für den Verzehr ungeeigneten Whisky, dessen chemische Zusammensetzung für die industrielle Erzeugung von Farben und Brennstoffen gedacht war. Auf der Suche nach Ethanol erschlichen sich Mafiosi Zugang zu den Fabriklagern, überschwemmten den Markt mit toxischen Substanzen und behaupteten fälschlich, es handele sich um frisch gebrannte »Topqualität«, Natur pur. Antonis Kambanis, der in seiner Jugend mit »Gina«, dem Leichenwagen, palettenweise »Topqualität« ausgefahren hatte, rief sich damals, 1933, immer wieder den mörderischen Grappa, der Tote zum Leben erweckte, in Erinnerung, als halte er einen Gedächtnisgottesdienst. Eine bittere, düstere Wehmut erfasste ihn und brannte sich in sein Inneres. Aber dann beschloss er, alles zu vergessen und sich nur an die guten, spendablen Zeiten zu erinnern, die er erlebt hatte, und daran, dass die besten Zeiten noch bevorstanden. Also bündelte er in der Geldschatulle die Dollarscheine für den Sohn, den er eines Tages bekommen würde, denn das hatte er seiner Mutter versprochen, am Tag, als er das Schiff in die Fremde bestiegen hatte. Wenn er heiratete und seine Frau mit Gottes Hilfe einen Sohn zur Welt brachte, würde er ihn nach seinem verstorbenen Vater nennen. Vassilis würde sein Sohn heißen, Vassilis, das hatte er versprochen, darauf hatte er sein Wort gegeben.

Antonis Kambanis wünschte sich nichts mehr auf der Welt als einen gesunden, kräftigen Sohn, der jetzt, da die Geschäfte gut liefen, sein Nachfolger in der mühseligen geschäftlichen Arena werden sollte. Aber je größer sein Wunsch wurde, desto weiter weg rückte die Empfängnis, als hätte er Gott gegen sich aufgebracht und Seinen Unwillen herausgefordert. So manchen Morgen betrachtete Antonis Kambanis argwöhnisch Rallous Bauch, der sich nicht wölben wollte, als läge dort drinnen, am tiefsten Grund der raffinierten, weiblichen Natur das Geheimnis der Fruchtbarkeit verborgen. Während er sie mit seinen Blicken maß, wurde Rallou immer dünner statt dicker, bis er sie eines Tages direkt fragte, ob sie unfruchtbar sei und sie sich ganz umsonst abmühten. Da riss Rallou ihren Rock hoch, zog sich die Unterhose herunter und spuckte ihm ins Gesicht. Wie könne er es wagen, sein Pimmel sei klein und verhutzelt, ihr Becken aber gesegnet mit den Geheimnissen des Gartens Eden und mit der Pracht des Orients. Antonis Kambanis hob die Hand und versetzte ihr ein, zwei, drei kräftige Ohrfeigen hintereinander, dann verrauchte sein Zorn und seine Empörung legte sich. Er schloss sich ins Bad ein und schnappte ein paarmal nach Luft. Drei Wochen später, nachdem die blauen Flecken und Rötungen verblasst waren, bat er sie um Verzeihung. Um zu beweisen, dass er es ernst meinte, mietete er einen Wagen samt Fahrer, und sie besuchten das Autokino, das hinter dem Park am Cooper-Fluss im östlichen Vorort Pennsauken eröffnet hatte. Sie saßen schweigend in stockdunkler Nacht und schauten »Wives Beware« mit dem damals vierzigjährigen, wie immer adrett und tadellos gekleideten Adolphe Menjou in der Hauptrolle.

Immer wenn es zum Geschlechtsakt zwischen Antonis und Rallou Kambanis kam, und das geschah nur alle Jubeljahre einmal, war es eine blutrünstige, mystische Schlacht, an deren Ende kein Sieger stand, nur zwei zerkratzte Wesen, verletzt und erschöpft von den Reibereien und den ätzenden Worten. Wenn Antonis Kambanis schlecht drauf war, dann hob er die Hand gegen sie mit derselben zornigen Wucht wie beim ersten Mal, und Rallou, mittlerweile gewöhnt an ihre seltsamen ehelichen Pflichten, warf ihm schamlose Beleidigungen an den Kopf. Während bei ihnen zuhause die Stunden mit kleinem und großem Aufruhr und die Monate langsam und quälend vergingen, büßte Takis aus Saloniki im Alltagsgeschäft der »Zweiten Chance« seinen früheren Elan ein. Immer öfter vergaß er Termine, und welcher Tag es war. Antonis Kambanis hatte mit Bestellungen, Zahlen und Buchhaltung alle Hände voll zu tun. Rallou aber war aus purem Trotz immer weniger bereit, etwas beizutragen, kleine Hilfestellungen zu leisten, auch nur den winzigsten, den nichtigsten, den allergeringsten Auftrag zu erledigen.

Während Präsident Franklin D. Roosevelt seine erste Amtszeit im Weißen Haus absolvierte und mit Nachdruck den »New Deal« vertrat, gut bezahlte Jobs versprach und Chancengleichheit für alle, entdeckte Rallou die wohltätigen, heilenden Eigenschaften des Alkohols, genauer gesagt des Ouzo. Wenn man ihn auf leeren Magen trank, betäubte er rasch den Kopf und machte einem das Herz froh und leicht. Roosevelt kämpfte mit Zähnen und Klauen darum, die Folgen seiner Polioerkrankung vor der Presse zu verbergen, die ihn seine gesunden Beine und fast seine politische Karriere kosten sollte. Rallou ging dazu über, offen zu trinken, Glas um Glas, Abend für Abend, bald auch schon mittags. Antonis Kambanis widmete sich voll und ganz seiner Arbeit und der Aussicht, ins benachbarte, größere Philadelphia zu expandieren. Eines Winterabends, die Straßen waren vereist und die Wände durchfeuchtet, wollte er früher zu Bett gehen. Zuvor hatte er noch schnell die Jahresbilanz berechnet, sich dankbar bekreuzigt und die Nullen gezählt, die seine Taschen füllten. Da sah er, wie Rallous schmale

Gestalt über die Straße torkelte, mit einer verblichenen Jacke über den Schultern und einer Papiertüte vom Gemüsehändler unterm Arm. Erneut war es Liebe auf den ersten Blick, und er verspürte eine Zärtlichkeit, die ihn daran erinnerte, dass auch er all die Jahre gelitten hatte. Er dachte, er müsse ihr jetzt, wo es schwierig und mühsam wurde, beistehen. Er eilte zur Tür, riss sie in seine Arme, liebkoste sie die ganze Nacht und versprach ihr das Blaue vom Himmel herunter. Er sagte, alles müsse sich ändern, schon vom nächsten Tag an, es sei nur eine Frage der Zeit. Genauer gesagt war es eine Frage von drei Monaten, sieben Tagen und ein paar Stunden, bis etwas eintrat, das ihr Leben ein für alle Mal verändern sollte.

XI

Das alte Viertel
Opfer der Abrissbirne:
Firmennamen am Gehsteig

Nick Virgilio

Pete wiegt den Stein in seiner Hand. Zwei Wochen hat er gebraucht um herauszufinden, wo seine Schwester steckt. Bestimmt heckt sie etwas gegen ihn aus, sie haben sich nie gut verstanden. Seine Mutter mochte er im Grunde auch nicht. Obwohl, die dumme Kuh strengte sich wenigstens an, aber ihre Schwarzseherei und ihr Elend, ihre hysterischen Anfälle und ihre klebrigen Ohrfeigen waren nicht zu ertragen. Er selbst hat durch den Drogenhandel und die Hehlerei gestohlener Stereoanlangen und Autos wenigstens etwas auf der hohen Kante. In einer Woche verdient er mehr, als die dumme Luisa in drei Monaten an Sozialhilfe kassierte. Aber jetzt steht er vom Haschisch, das er mit Kokain bestreut hat, unter Strom, sein Hirn schlägt Kapriolen und kombiniert die unwahrscheinlichsten Dinge; er springt so schnell und so geschickt von einem Thema zum anderen, als seien alle seine Sinne elektrisiert. Nichts entgeht ihm, er ist der eigentliche Anführer, bald schon volles Mitglied der »Benzos« und irgendwann auch Drogenkönig. Als er den warmen, scharfen Stein in seiner Hand spürt, zischt er seinen beiden Lakaien zu, sie sollten sich bereithalten. Alle beugen sich gleichzeitig nach hinten, wie zum Abschuss gespannte, aufeinander abgestimmte Bögen. Dann schleudern sie, nur Sekundenbruchteile hintereinander, die Steine, und als das Schaufenster des Diners zerbirst, hebt Pete zum ersten und letzten Mal den geliehenen Revolver und gibt den Gnadenschuss auf ein Stück Scheibe ab, das noch heil in einer Ecke hängt, und schreit: »Schönen Gruß an Minnie!« Dann rennen die drei kichernd davon, schubsen sich gegenseitig und albern herum, steigen in den wartenden Wagen und wenden. Im letzten Moment heben sie, inspiriert durch Gangsterfilme, noch schnell den Stinkefinger, bevor sie auf dem leeren Boulevard mit heulendem Motor davonbrausen.

Basil Kambanis ist bestürzt, in all seinen Jahren in Camden hat er sich noch nie bedroht gefühlt. Wenn er sich Sorgen machte, dann war es ein vorübergehendes, flüchtiges Gefühl, die Vorahnung einer schlimmen Wendung, die aber nicht eintrat, der Schatten einer Gefahr, die ihn knapp verfehlte, ja nicht einmal berührte. Schlimmes passierte immer nur den anderen, die es seiner bescheidenen Meinung nach selbst herausgefordert hatten oder so dreist und unvorsichtig waren, dass das Unglück auf fruchtbaren Boden fiel und gedeihen konnte. Seine Hände zittern und die Kolumbianerin, die zum Putzen gekommen ist, führt ihn zum Ledersofa, während die Polizeibeamtin seine Aussage aufnimmt. Kurz darauf erscheint auch Susan, von Miranda telefonisch informiert. Die Polizeibeamtin klappt ihren Block zu, Miranda kehrt die Glassplitter zusammen, und Susan spricht mit den Glasern, die zur Aufnahme der Bestellung und zum Ausmessen gekommen sind. Zum Glück ist Glasbruch durch Randalierer und Kriminelle, anders als bei einem Terroranschlag, durch die Versicherung gedeckt. Höchstwahrscheinlich war es ein versuchter, aber misslungener Raubüberfall, denn es ist schon eigenartig, dass sie die gestrigen Einnahmen nicht mitgenommen haben. Vielleicht wollten sie bloß die Lage checken, vielleicht haben sie ihm eine Warnung zugerufen. Basil hat zu Protokoll gegeben, er hätte den Zuruf nicht gut verstehen können, aus der Ferne klang es wie »Schönen Gruß an Muschi«. Der zweite Polizeibeamte schüttelt den Kopf und hält sich die Hand vor den Mund, um ein Gähnen zu verbergen. Alles nichts als durchgeknallte Junkies, die sich einen Spaß machen wollten. Oder hatte er schon mit Banden zu tun, und man könnte es auf ihn abgesehen haben? »Nein«, antwortet Susan. »Nein«, bestätigt Basil. Die Anzeige ist aufgenommen und wandert in das weit verzweigte Polizeiarchiv, und der Streifenwagen fährt ab. Die Glaser kommen am Nachmittag, um die neuen Scheiben einzusetzen. Leto und Minnie sind allein zu Hause und lernen gemeinsam. »Bleibst du hier und wartest auf sie?«, fragt Susan und Basil blickt auf seine geballten Fäuste, die immer noch vor Aufregung zittern. »Ich denke daran, alles aufzugeben und nach Griechenland zu ziehen, und ich möchte, dass du mitkommst.« Susan blickt ihm in die Augen und will rufen: »Du bist nicht ganz bei Trost, mein Lieber!« Aber sie beißt sich auf die Lippen und schweigt, dann schnellt sie von ihrem Platz hoch, bevor sie ihm ein paar mitleidige Worte hinwirft wie Almosen: »Ich denke darüber nach, wir sprechen uns.«

Susan dachte durchaus darüber nach, aber nicht lang und nur auf dem Nachhauseweg mit dem Auto. Da zu dieser Tageszeit wenig Verkehr war, beschäftigte oder besser gesagt ärgerte die Frage sie nur kurz, eine Viertelstunde höchstens. Selbstverständlich hatte sie nicht vor, sich in einem Land niederzulassen, dessen Sprache sie nicht konnte, in einem Land, das erst vor ein paar Jahren eine siebenjährige Militärdiktatur überwunden hatte, in einem Land, das sie an die trostlosen Nachrichten aus Lateinamerika, an Argentinien und Chile erinnerte. Ausgeschlossen, sie würde in Camden bleiben und notfalls nach Vermont ziehen, immer schon wollte sie nach Vermont, sie hatte gehört, es sei die Ostküstenvariante des guten alten, immer noch hippen San Francisco, die Schulen seien gut und fortschrittlich, und mit dem Geld, das sie von Basil bekommt, könnte sie ein kleines Holzhaus im Wald bauen, ganz in der Nähe einer Kreisstadt wie Jericho mit seinen fünftausend Einwohnern, oder sie würde im größeren Burlington eine Wohnung mieten, bis klar war, wie es mit ihnen weiterging. Vielleicht gründete sie einen Ökohof oder eröffnete einen kleinen Antiquitätenladen mit Waren von den Wochenmärkten und aus privaten, von altem Kram überquellenden Kellern, die dringend geräumt werden mussten. Je länger sie darüber nachdenkt, umso zuversichtlicher wird sie. Vielleicht ist die Scheidung ein notwendiges Übel, um den Stillstand zu überwinden, aus der ehelichen Einbahnstraße herauszufinden und auf einen ruhigen Feldweg zu kommen, wo es keine Cops gibt, keine Ampeln und Verkehrszeichen, wo sie für kurze Zeit, für die Dauer einer Fahrt, tun kann, was ihr gerade in den Sinn kommt, worauf sie Lust hat und wo keiner über ihren Kopf hinweg über sie bestimmt. Doch als sie die Haustür öffnet, erblickt sie das Wohnzimmer, das einem Schlachtfeld gleicht. Leto hat das Sofa und den Couchtisch verschoben und Minnie à la Subbuteo zwischen zwei Wohnzimmerstühle ins Tor gestellt. Genau als ihre Mutter eintritt, schießt sie, und der Ball trifft den Stuhl, wirft ihn um, knallt dann gegen die Wand, wird abgelenkt und landet auf der Porzellanvase und schließlich im Tor. Susan wird in aller Deutlichkeit bewusst, dass sie nicht allein ist, dass die Einbahnstraße vielleicht in einen holperigen, schwer befahrbaren Feldweg mündet und sie zwei kleine, miteinander kollidierende Autoscooter im Schlepptau hat, die ihren eigenen unumstößlichen Gesetzen gehorchen. Ihnen wäre ein Spielplatz bestimmt lieber, vielleicht forderten sie es auch rundheraus, oder eine staubige, schlammige Rennstrecke, ideal für Zweikämpfe und akrobatische Kunststücke. Bei diesem Gedanken lässt sie sich auf das Sofa an seinem neuen Platz fallen, um sich langsam an diese veränderte, anarchische und unbequeme Perspektive zu gewöhnen.

Leto war von klein auf ein schwieriges Kind, bei ihr musste man immer mit Streichen, Missgeschicken und Ärger rechnen. Sie hatte ein besonderes Talent dafür, immer im unpassendsten Moment aufzutauchen, einem den letzten Nerv zu rauben und, mit oder ohne Absicht, nur Dummheiten anzustellen. Wie damals, als Susan sie ausschimpfte, weil sie Honig verkleckert hatte, dann auf dem Küchenboden herumgesprungen war und ihre klebrigen Fußtritte überall verteilt hatte. Aber das hatte Leto noch nicht gereicht, zwei Minuten später fiel ihr ein, mit den honigverschmierten Schuhen auf das neue Ledersofa zu klettern, und als Susan losschimpfte und ihr, ganz außer sich wegen des Durcheinanders, das die Kleine angerichtet hatte, eine Ohrfeige versetzte, packte die fünfjährige Leto die Schere und schnitt den schwarzen Rock, den ihre Mutter frisch gewaschen und gebügelt zurechtgelegt hatte, weil sie ihn am Nachmittag zum Vorstellungsgespräch für die Stelle einer Hilfssekretärin in einem kleinen, aufstrebenden Verlag anziehen wollte, in kleine Stoffstreifen. Daraus war jetzt eine abstrakte, avantgardistische Kreation geworden, die Leto stolz präsentierte und »Ganz viele Kleider für Mami« nannte. Susan hatte fast der Schlag getroffen, nur mit Müh und Not konnte Basil sie zurückhalten und zur Vernunft bringen. Dann befahl er der Kleinen, auf ihr Zimmer zu gehen und sich nicht mehr zu rühren, bis sich die Gemüter wieder beruhigt hatten; und sie gehorchte sofort. Obwohl

Basil keine Erfahrung mit intelligenten, mutwilligen und trotzigen Kindern hatte, kam er mit der kleinen Leto viel besser zurecht als Susan. Er bestach sie nämlich heimlich mit Spielzeug und bunten Glasperlen, damit sie Ruhe gab und gehorchte. Das ging so lange gut, bis Leto zum ersten Mal einen Dollar als Gegenleistung fürs Bravsein verlangte. Da setzte es ein Donnerwetter, wie sie es noch nie erlebt hatte, und ihre erste Tracht Prügel, die ihr Vernunft einbläuen sollte. Natürlich nützte es nichts, und im berechnenden Alter von sieben begriff sie, dass sie ihre Sehnsüchte und Wünsche besser für sich behielt und nur ab und zu an die Oberfläche steigen ließ, wie heiß ersehnte Perlen in fest verschlossenen Muscheln, die man den anderen großzügig anbietet. Aber nur, damit sie die Muscheln für uns öffnen und uns die Perlen freudestrahlend zurückgeben, möglichst an einer goldenen Halskette mit fein ziseliertem Verschluss.

Sie liebte ihre Eltern, obwohl sie ihr auf die Nerven gingen. Die beiden waren die einzige, unerschütterliche Konstante in ihrem Leben und, neben dem Fußball natürlich, ihr einziger Halt. Wenn in der Schule alles schiefging und die Jungen sie auf eine anzügliche Art hänselten – nicht nur ihr blöder, unaussprechlicher Name bot Anlass zum Spott, sondern auch ihr frühreifer, linkischer Körper – und wenn die Mädchen sich auf ihren zweiten Vornamen stürzten und anstößige Andeutungen mitschwingen ließen – »Leto 68 wird Leto 69!« – und ausgiebig kicherten, stellten sich die Lehrer taub und blind und nahmen Letos wachsende Not billigend in Kauf. Wenn der Zorn und das erlittene Unrecht ihr die Kehle zuschnürten und sie spürte, wie sie den Boden unter den Füßen verlor, dann ließ sie beim geringsten Anlass, ob zu Recht oder zu Unrecht, ihren Eltern gegenüber Dampf ab. Aber wenn sie sich wieder beruhigt hatte, war sie jedes

Mal überrascht und beeindruckt, dass ihre Eltern ihr nichts nachtrugen und am Tag nach dem Streit alles wieder Friede, Freude, Eierkuchen war. Einmal jedoch hätte sie es beinah versaut: Es war ein verdammter, verregneter Mittwoch, in der Schule liefen die Kanalrohre über und das Abwasser strömte in den Schulhof, als sie sich mit dem Mitschüler prügelte, der sie vor der ganzen Fachgruppe Geometrie eine ahnungslose, schlaksige Lesbe genannt hatte. Dabei hatte sie nur eine andere Meinung als er, welche Basketballmannschaft dieses Jahr die beste war. Die Bezeichnung als »Lesbe« ging ihr am Arsch vorbei, weil sie keine war. Sie stand voll auf den Sportlehrer, einen feschen Halbitaliener und wahnsinnig guten Fußballer, der sogar bei den »Ravens« spielte. Auch das »schlaksig« störte sie nicht, sie war groß, das war nicht zu leugnen, und sie konnte auch nichts daran ändern. Aber das »ahnungslos« war von vorne bis hinten ungerecht, es war der Tropfen, der das Fass zum Überlaufen brachte. Als die gurgelnden Wassermassen in der Pause über den Zement schwappten und den Schulhof fluteten, nahm Leto den Mitschüler in den Schwitzkasten, drückte sein Gesicht zu Boden und presste zwischen den Zähnen hervor, er solle es zurücknehmen. Sie hätte ihn tatsächlich im Schmutzwasser ersäuft, wenn nicht die Pausenaufsicht die beiden getrennt, einen zweitägigen Schulverweis ausgesprochen und die Erziehungsberechtigten aufgefordert hätte, Stellung zu nehmen. Basil war in die Schule geeilt und erfuhr von einem schmächtigen, sensiblen und verheulten Jungen, der dieselbe Klasse wie Leto besuchte und der das Verhalten seiner sadistischen Mitschüler nicht guthieß, die ganze Wahrheit, was genau geschehen und gesagt worden war. Basil versprach ihm hoch und heilig, die Sache zurechtzurücken, und schreckte auch nicht davor zurück, sich wegen des Vorfalls mit dem Schuldirektor und der Pausenaufsicht anzulegen und den beiden deutlich seine Meinung zu sagen. Leto gegenüber äußerte er auf dem Heimweg keinen Ton, aber am zweiten Tag des Schulverweises fragte Susan, die die Wohnung saubermachte und lustlos mit dem Staubtuch über die Möbel wischte, ihre Tochter, die reglos auf dem Sofa lag und ihre Beine mit den ramponierten Sportschuhen über die Lehne hängen ließ, ob sie nicht außer zum Fußball auch mal zusammen zu einem Tanzkurs im Gemeindezentrum von Dudley gehen sollten. Leto schüttelte den Kopf und wiederholte gedankenlos, was ihr Sportlehrer zu den beiden Weichlingen sagte, die von den anderen in der Klasse gemieden wurden: »Tanzen ist was für Schwuchteln.« Aber er beließ es normalerweise nicht dabei, sondern brüllte: »Auf, auf, ihr Hübschen, ich will euch laufen sehen, die Ballettübungen könnt ihr zu Hause machen!« Leto, die jedes Mal seine Trainerehre rettete und immer mindestens zwanzig Meter vor ihren Mitschülern durchs Ziel sprintete, nannte er ein leuchtendes Beispiel und einen künftigen Star. »Bravo, Mädel, bravo, Leto, du bist die Beste!«, rief er, und sie rannte noch schneller, sie flog dahin, da sie bis über beide Ohren verliebt war und ihm nichts abschlagen konnte und sich nichts auf der Welt so sehr wünschte, wie ihn zufriedenzustellen.

Während Leto den Ball gegen die Sofakante kickte, bückte sich Minnie und sammelte die am Fußboden verstreuten Scherben der zerbrochenen Vase auf. Es war eine hübsche Vase, Susan hatte sie im Frühjahr 1970 in Poughkeepsie gekauft, auf einer spontanen, aber bald vergessenen Wochenendreise nach Rhinebeck. Die zweijährige Leto spazierte damals mit vollgekackten, zwischen den Beinen hängenden Windeln sorglos die Straße entlang, und Basil strahlte vor Glück, weil er die perfekte Brombeermarmelade entdeckt hatte. Jetzt sammelt und sortiert Minnie die größeren Bruchstücke und versucht, sie zusammenzufügen. Sie will sehen, wie schlimm der Schaden ist und ob sie das verlorengegangene Urbild der heilen Vase zurückbringen kann. Aber die Silhouette und die Licht-Schatten-Effekte lassen sich nur mühsam rekonstruieren, es fehlen ein paar winzige, aber wichtige Bruchstücke, die irgendwo auf dem Fußboden verstreut liegen müssen, aber unauffindbar bleiben. Während sie suchend über den Teppich tastet, stößt sie nur auf kleine Müllfetzen, Haare, eine Fingerkuppe voll Staub oder ein Steinchen. Minnie fragt sich, ob ihre Funde eine neue Vase formen könnten, eine unvollkommene Nachahmung des Originals, die trotzdem der früheren Form ähnelt. Sie könnte ihre Wunden mit ein wenig Staub kitten, mit ein paar Haaren, mit zwei oder drei Steinchen aus dem Hof. Vielleicht käme tatsächlich etwas dabei heraus, das weder unvollständig noch hässlich wirkt. Leto kickt immer noch den Ball gegen die Sofakante, weil sie, selbst wenn sie es wollte, sich nicht entschuldigen kann. Susan steht auf, nimmt Minnie die Bruchstücke aus der Hand und wirft sie in den Abfalleimer. Sie hat weder die Zeit noch die Geduld noch die Kraft für weitere Gefühlsausbrüche. Die Vase ist kaputt und gehört in den Müll.

Basil Kambanis steht hinter dem neu eingesetzten Schaufenster und mustert es, etwas stört ihn daran, etwas liegt ihm schwer im Magen. Ihn nervt die aufwändige Wiederherstellung von etwas, das keine Zukunft hat. Gerade eben berichtete ihm Nino Cavani am Telefon, im Maklerbüro sei ein besseres Angebot eingegangen, zwei Tausender mehr als das letzte, er solle nicht blöd sein, noch heute sollten sie den Verkauf per Handschlag besiegeln. Basil erbat sich

Bedenkzeit, aber Cavani stellte sich quer und gab ihm nur eine zweistündige Frist für seine Entscheidung. Im Falle einer abschlägigen Antwort, so betonte er, könne Basil nicht weiter auf ihn rechnen, sie würden kein besseres Angebot bekommen, Schluss, aus, er habe keine Lust, seine Zeit in Fälle zu stecken, die nichts einbrächten. Basils Blick springt zwischen seiner Uhr, die ihn daran erinnert, dass die zweistündige Bedenkzeit gleich um ist, und der makellosen Scheibe ohne Sprung und Kratzer hin und her. Als das Telefon im Diner klingelt, kommt es ihm so vor, als schraubten sich die wandernden Uhrzeiger wie Hände fester und fester um seinen Hals. Es ist dasselbe Gefühl wie damals an seinem ersten Tag im Kindergarten, als er nicht zu den anderen hineingehen wollte, wie angenagelt im Hof stehenblieb und seiner Mutter hinterherstarrte. Als sie sich unerwartet umdrehte und sah, wie er die Beine trotzig in den Zementboden stemmte, kam sie zurückgerannt, ohrfeigte ihn vor aller Augen und zerrte ihn gewaltsam am Ohr nach drinnen. Basil will den Hörer abnehmen, aber er kann nicht, irgendetwas hält ihn zurück. Ganz kurz, ein paar Tick-Tack lang, verharren seine Finger unentschlossen, als wollten sie die Leere kneten und bezähmen. Doch alles, was sie fangen, ist eine Handvoll Luft.

XII

Allein sie selbst verstehen sich und was ihnen gleich ist,
So wie Seelen allein Seelen verstehen.

Walt Whitman, Vollkommenheiten

Rallous Schwangerschaft kam völlig unerwartet, wie ein
Blitz aus heiterem Himmel, und Antonis Kambanis versuchte sich krampfhaft zu erinnern, wann die Zeugung
stattgefunden hatte. Er rechnete hin und her und zählte die
Tage im Kalender. Ihm war, als könne er sich erinnern, aber
sicher war er nicht. Immer wieder schielte er zu Rallou hinüber, und jedes Mal, wenn es ihn juckte und er die Hand
gegen sie erheben wollte, überlegte er es sich und steckte sie
zurück in die Jackentasche. Das Kind war von ihm, daran
bestand kein Zweifel. Die ein, zwei Ohrfeigen, die ihm während einer kleinen Meinungsverschiedenheit ausrutschten,
waren nur kleine Trübungen ehelicher Zärtlichkeiten und
Gefühlsregungen. Letztendlich war er die tragende Säule,
der Mann im Haus, der immer recht hatte, und er strengte
sich an, damit es ihr an nichts fehlte. Immer waren Eiswürfel, Obst, Fleisch und Gemüse im Haus, ständig brachte er
ihr kleine Geschenke mit, handgestrickte Babyjäckchen und
Strampelhöschen. Rallou, die in vier Monaten kaum zweieinhalb Kilo zugenommen hatte, glaubte einen Stein mit
sich zu schleppen, den sie notgedrungen geschluckt hatte.
Dieser Stein lag ihr im Magen, schlug Wurzeln und zerriss
ihr die Eingeweide, und je mehr Ouzo-Karaffen sie leerte,
umso schwerer wog der eigensinnige Stein und umso fester
wurzelte er. In der ersten Zeit konnte sie nicht sagen, ob es
am Stein oder am Trinken lag, dass sie sich übergeben muss-

te. Schließlich dachte sie nicht länger darüber nach, sondern nahm es hin, dass sie mit einem Stein schwanger ging. Betrunken lallte sie dem Embryo zu, sie würde ihn Petros nennen, nach »petra«, dem griechischen Wort für »Stein«, das wäre ihr kleines, gemeinsames Geheimnis. Er kam ihr vor wie ein Mühlstein, der um ihren Hals hing. Betrunken säuselte sie ihm derbe Wörter zu, fiel danach in tiefen Schlaf und träumte von blutbefleckten, tiefen Schluchten mit Steilwänden, an deren Fuß frisch geschlachtete, neugeborene Kälber in luftdicht verpackten, durchsichtigen Plastiksäcken lagen.

Und so glitt Vassilis, in Blut und Fruchtwasser getaucht, aus ihrer Gebärmutter, und im ersten Moment hielt sie sein Weinen für das Echo ihrer ureigenen Traurigkeit. Erst, als die Nabelschnur durchtrennt war, atmete Rallou auf und wandte sich erleichtert ab. Sie wusste, diesen Jungen würde sie nicht lieben, daran konnte sie auch nichts ändern, sie war verurteilt zu seiner Geburt. Bald schon würde er heranwachsen zu einem Wesen mit eigener Stimme und Urteilsvermögen. Wenn man ihn ihr zum Stillen brachte, verdunkelte sich ihr Blick, und ihre Hände schoben das Neugeborene weit weg von ihrer schmerzenden Brustwarze. Die Oberschwester nahm ihr das Baby gleich wieder fort, etwas im Blick der Wöchnerin erschreckte sie, und sie bat eine Kollegin, den Arzt zu rufen. Rallous Blick saugte sich an der schneeweißen Zimmerdecke fest, und vierzig Tage lang sprach sie mit keinem Menschen, es war wie eine Trauerzeit, die sie mit dem Baby im Haus eingeschlossen verbrachte. Sie stopfte ihm den Schnuller in den Mund, um es ruhig zu stellen, denn Muttermilch bekam es nie zu trinken. Antonis Kambanis, der nicht oft zu Hause war, nahm den Ratschlag des Arztes, er solle das Verhältnis zwischen

Mutter und Kind beobachten, nicht ernst, bestimmt würde sich alles mit der Zeit einrenken. Wenn er zu Hause und im Geschäft den Schlaf des Gerechten schlief, vertiefte sich Rallous Hass wie Risse, die die Standfestigkeit eines Hauses untergraben. Bei der kleinsten Erschütterung lockert sich der Zusammenhalt der Materialien, der Boden senkt sich unwillkürlich ab, alles gerät ins Wanken, und der ganze Bau ist einsturzgefährdet. Rallou leerte weiter eine Karaffe nach der anderen, sie konnte sich kaum noch auf den Beinen halten, ein Schluck mehr und sie wäre zusammengebrochen. Gleich daneben plärrte das sechsmonatige Kind in der Wiege, es kreischte und bebte am ganzen Leib; der Arzt hatte sie darauf vorbereitet, es würde bald zahnen. Rallou hielt sich an der Wiege fest, füllte das Fläschchen mit Ouzo und gab dem Baby zu trinken, um ihre Ruhe zu haben, und Vassilis nuckelte friedlich und war still.

Antonis Kambanis wusste, dass seine Frau gern trank, das wahre Ausmaß ahnte er jedoch nicht. Sie hatten sich auf zwei Flaschen pro Woche geeinigt, aber von einem griechischen Gemüsehändler beschaffte sich Rallou noch wesentlich mehr. Er war ein entfernter Cousin aus ihrem Heimatdorf, selbst Trinker und konnte einer Blutsverwandten nichts abschlagen, da er die Anziehungskraft des Alkohols ganz genau kannte. Wenn sie manchmal zu Mittag oder am Nachmittag kein Geld mehr hatte und auf dem Trockenen saß, schickte er seinen Laufburschen mit ein paar Karaffen vorbei, mit Wasser verdünnt und auf Kosten des Hauses, oder eine Korbflasche billigen Retsina, damit sie die bitteren Pillen hinunterschlucken und sich am Duft und am Geschmack des Alkohols laben konnte, bevor sie in den häuslichen Sorgen und in der ehelichen Routine versank. Das einzige, was Rallou richtig und mit voller Konzentration tat, war das Kochen. Es ging ihr leicht von der Hand, auch wenn sie dabei durch die Küche torkelte. Sie war eine begnadete Köchin, ihr gelangen die Soßen und die Fleischgerichte, und das in Öl geschmorte Gemüse duftete köstlich. Sie hatte großes Talent, nur warf sie ihre Perlen zuhause vor die Säue. Solange ein Teller sorgfältig zubereitetes, hausgemachtes Essen auf dem Tisch stand, bekam Antonis Kambanis nicht mit, wie groß ihr Problem und ihre Not waren. Auffallend war nur, dass der kleine Vassilis kein einziges Wort herausbrachte, er spürte den unauslöschlichen Hass seiner Mutter, der nicht nur ihn, sondern das ganze Haus heimsuchte. Ihr Trinken mitsamt den Ausdünstungen, die durchs Zimmer waberten und die Wände mit einem süßsauren Aroma tränkten, war sein täglicher Alptraum. Sein Mund trocknete aus und sein Magen revoltierte, er hatte Angst vor seiner Mutter und war nicht gern in ihrer Nähe, auch seinen Vater mied er, so gut es ging, weil er jähzornig und grob war. Er suchte Halt bei erfundenen Geschichten und unsichtbaren Superhelden. Sie wohnten im Wohnzimmerdiwan und kümmerten sich um ihn, und sie hatten den geheimen Auftrag, alle fernzuhalten, die ihm etwas antun könnten.

Das Böse kommt immer tröpfchenweise, in kleinen, fast unmerklichen Dosen, nie bricht es herein wie ein gewaltiges Unwetter, es umkreist einen schleichend, fast sanft, bis man sich daran gewöhnt. Es hinterlässt keine bleibenden, unauslöschlichen Narben, nur ein paar Fingerabdrücke und blaue Flecken, die Form und Farbe wechseln wie die Jahreszeiten, nachdem ihn der Gürtel des Vaters gestreichelt, nachdem ihn der Pantoffelhieb oder der Fluch der Mutter über einen zerbrochenen Teller, ein schmutziges Glas, die geschmolzenen Eiswürfel, das übergelaufene Wasser, das stehengebliebene Essen getroffen hatte. So kamen sie nicht, die ersten Kinderworte, um die Dinge der Welt zu benennen und zu bestimmen. Nur solche, die die kleinen, böswilligen und rachsüchtigen Taten benannten, die sich anhäuften, sich auftürmten, sich zusammendrängten wie Steinchen in einem verhassten, abscheulichen Mosaik. Es war ein Mosaik, das die heilige Familie darstellte und niemals fertig zu werden schien, ein Mosaik, auf dem strenge, langgezogene Gestalten mit marionettenhaft gütigen Gesichtern dominierten, die keine Stimmen hatten, mit denen sie um Vergebung bitten konnten, sondern nur glühende Augen, die allein auf Rache aus waren.

Seit Vassilis' Geburt waren drei Jahre vergangen, und der Kleine konnte keine zwei zusammenhängenden Worte sagen, nur langsam und quälend kam seine Entwicklung voran. Antonis Kambanis wartete ungeduldig darauf, seinem einzigen Sohn alles Wissenswerte beizubringen, doch bei seinen abendlichen Lektionen zeigte Vassilis keine Reaktion, nur einen kurzen, suchenden Blick, der sich gleich wieder zu Boden senkte und an den Kinderschuhen hängenblieb. Die Lieblingsbeschäftigung des Kleinen war es, Schnürsenkel auf- und zuzubinden, stundenlang konnte er sich mit losen Schleifen und Knoten beschäftigen, das war die Lösung, die er gefunden hatte, um so wenig Lebensraum wie möglich einzunehmen. Solange er auf- und zuband, vergaß Rallou ihn, und solange er auf- und zuband, vergaß ihn auch Antonis Kambanis, denn die rhythmische, stillschweigende Wiederholung dieser sinnlosen Handlung schläferte die beiden ein. Es kam nicht oft vor, dass ihn Antonis Kambanis unter der Woche ins Geschäft mitnahm, damit er sich an den Laden und das Schusterwerkzeug gewöhnte. An einem dieser Tage trat Pater Stelios herein und bestellte im schnarrenden Tonfall seiner Heimatstadt Serres die Reparatur seiner guten Schuhe für die samstägliche Trauung seiner ältesten Tochter. Als er den Blick durch den Raum schweifen ließ, blieb er an dem Kleinen hängen. Er fragte ihn nach seinem Namen und hakte ein zweites, drittes und viertes Mal nach. Sein Bart war sehr lang und grau, seine Augen schwarz und angsteinflößend, und während sie die einzige, alleinige Wahrheit forderten, brach Vassilis in Tränen aus und sagte seinen ersten zusammenhängenden Satz.

Am 7. Dezember 1941 traten die USA mit der Bombardierung von Pearl Harbour offiziell in den Zweiten Weltkrieg ein. In Familie Kambanis begannen die Kampfhandlungen bereits eine Woche früher, gleich nach der Heimkehr von Vater und Sohn, gleich nach der Entdeckung, dass der Sohn nicht auf den Namen Vassilis, sondern auf den Namen Petros hörte, den ihm seine Mutter schon im Mutterleib eingeimpft hatte. Petros für den Stein, der um ihren Hals hing, und Petros für das Kreuz, das sie trug. Auf der ganzen Strecke von der Filiale in Parkside bis zu ihrem Zuhause, das an der Grenze zwischen Dudley und Cramer Hill lag, fragte Antonis Kambanis den Kleinen immer wieder, wie er heiße, und jedes Mal, wenn er mit Tränen in den Augen auf dem Namen »Petros« beharrte, prasselten Ohrfeigen auf ihn ein, bis seine Wangen rot angelaufen waren. Als ihnen Rallou zuhause angetrunken entgegentrat, wurde es Antonis Kambanis zuviel, er zerschmetterte und zertrat alles, was ihm vor die Füße kam, er schlug die Wohnung kurz und klein, dann packte er Rallou an den Haaren und den Kleinen am Kragen, schleifte die beiden durchs Wohnzimmer und schärfte ihnen ein, dass es in diesem Haus keinen Petros gebe und auch nie geben würde, nur einen großen und starken Antonis und einen Vassilis, benannt nach seinem Großvater, der Wasser aus Steinen pressen konnte, und eine vertrottelte Alkoholikerin als Mutter, die nicht einmal ihren eigenen Namen mehr wusste bei den Mengen, die sie trank, verflucht sei die Stunde, da er ihr den Vorzug gegeben und sie geheiratet hatte.

Zwei Tage brauchte Rallou, um sich davon zu erholen, weniger wegen der Prügel, die waren vergleichsweise mild ausgefallen, sie hatte nur zwei Kratzer, drei blaue Flecke und vom Türrahmen eine Schürfwunde am Rücken davongetragen, sondern deswegen, weil der dreijährige Vassilis Kambanis am nächsten Morgen sprechen konnte, als hätte sich der Knoten gelöst, der ihn an die Stummheit fesselte. Ganz unverhofft und wie durch Zauberei hatte er die richtigen Worte gefunden und bildete korrekte Sätze, seine ersten verständlichen Worte sprach er in perfektem Englisch aus. Er war ein waschechter, einheimischer Amerikaner, ein dunkelhaariger kleiner Knirps, der sich, nur ein paar Spannen hoch, von seinen Eltern eindeutig abgrenzte; allein schon durch seine korrekte Aussprache erklärte er seine Unabhängigkeit, nichts verband ihn mit dem ärmlichen, verdorrten Boden der Vorväter. Bald schon verwandelte sich »Vassilis« in seinem Mund in ein entschiedenes »Basil«. Er war kein Grieche und fühlte sich auch nicht als solcher, er schämte sich für seine Familie mit dem fremdländischen Akzent und den grobschlächtigen Manieren, auf der Straße wollte er nicht mit ihnen gesehen werden. Auch in der Schule erwies sich »Basil« als klangvoller und leicht auszusprechender Name, kraftvoll, vital und melodisch. Vergeblich versuchte sein Vater, ihn davon zu überzeugen, wenigstens zu Hause auf den Namen Vassilis zu hören, aber für Basil Kambanis war das unveräußerliche Recht auf Selbstbestimmung nicht verhandelbar. Er war Herr,

Inhaber und Beherrscher seines Namens, da er schon früh beschlossen hatte, dass Vassilis ihm nicht entsprach. Auf die ewig gleiche, stumpfsinnige Frage von Freunden, Bekannten und unbekannten Spaziergängern, »Na, wie heißt du denn, mein Junge?«, antwortete er immer mit »Basil«. Er hieß Basil, basta, und diesen Namen würde er nicht ändern, auf gar keinen Fall und für niemanden, und wenn die Welt unterginge.

Rallou hatte einen US-amerikanischen Bürger zur Welt gebracht, der sich trotzig weigerte, die Sprache seiner Vorfahren zu sprechen, er gewöhnte sich an, jedes Mal auf Englisch zu antworten, obwohl er alles auf Griechisch verstand, und korrigierte in scharfem Ton Satzbau und Aussprache der anderen. Antonis Kambanis, an Körper und Gemüt ein wenig schwerfälliger geworden, eignete sich die schlechte Gewohnheit an, abends lang wegzubleiben. Auf dem Nachhauseweg lag das Café »Niagara«, das Mikes aus Edessa gehörte, dort spielte Antonis jeden zweiten Tag mit anderen Griechen Karten, trank sein Weinchen und unterhielt sich mit den Stammgästen über den großen Krieg, der in Ost und West wütete, über die brutale deutsche Besatzung in Griechenland und über die offene Flanke der USA in Asien und im Pazifik. Sie politisierten herum, rechneten sich Streitkräfte und Strategien aus und sahen die Alliierten auf der Siegerseite, wenn die Briten den Deutschen im nordafrikanischen El-Alamein Einhalt geboten, und die Russen Hitler bei Stalingrad. Die hitzige Diskussion wogte Tag und Nacht hin und her, in den Cafés, in den Wohnungen und auf den Straßen. Obwohl Camden den Krieg nur indirekt miterlebte, spielte es eine aktive Rolle. Dreißigtausend Männer und Frauen standen bei Antonis' altem Arbeitgeber, der New York Shipbuilding Corporation, am Ostufer des

Delaware im Dienst und stellten die weltweit größte Menge an Kriegsschiffen, Panzerlandungsschiffen, Fahrzeugfähren und Zerstörern her. Antonis Kambanis hatte von Weitem die »Indianapolis« auf ihrer historischen Jungfernfahrt gesehen, fast ein Jahrzehnt, bevor sie in Pearl Harbour versenkt wurde, und jetzt sah er ganz aus der Nähe die Passagierschiffe, die man »4 Aces« nannte, die ursprünglich für Mittelmeerkreuzfahrten gebaut, dann aber beschlagnahmt wurden und im Krieg bis auf eines alle auf dem Meeresgrund landeten. Allein und ohne Schwesterschiff war nur noch der Kreuzer mit dem exotischen Namen »Exochorda« übrig, der den Beinamen »Die Braut« trug. Diese »Braut« wechselte im Krieg Geschlecht und Identität und wurde zum kampferprobten Transporter »Harry Lee«, der im Zweiten Weltkrieg eine Bilderbuchkarriere machte, ausgezeichnet mit sieben Orden, Medaillen und Sternen. Auch Antonis Kambanis hatte am Vorabend der Hochzeit seiner zukünftigen Frau Rallou einen Stern überreicht, einen getrockneten Anisstern. Sie lachte, nahm ihn entgegen, salutierte spöttisch und machte ihn mit einer Stecknadel am Revers ihrer Jacke fest. Sie waren Alliierte im Ehekampf, Alliierte, die zum Schluss das Feuer aufeinander eröffneten, als sie nicht mehr wussten, was oder wen sie sonst bekämpfen sollten.

Als Antonis Kambanis eines Abends nach Mitternacht Mikes' Café verließ, um nach Hause zu gehen, bedrängten ihn an der Straßenecke plötzlich drei fast identisch gekleidete Männer in dunklen Anzügen und dazu passenden Trenchcoats, packten ihn links und rechts am Arm und verfrachteten ihn einen eleganten, pechschwarzen Ford.

XIII

Die Glocke des Doms
schüttelt ein paar Schneeflocken
aus der Morgenluft

Nick Virgilio

Seit einer Stunde sitzt Basil Kambanis, zwei Blocks von zuhause entfernt, mit abgestelltem Motor und ausgeschalteten Scheinwerfern in seinem Auto. In seiner Jackentasche steckt der zusammengefaltete Bank-of-America-Scheck, der ihm allein die kümmerliche Summe von dreiundzwanzigtausend Dollar gutschreibt. Es tut ihm nicht leid, dass er das Diner zum Jahresende aufgibt. Die Entscheidung war spontan, aber verkaufen wollte er das Restaurant schon seit Jahren, um seine Ruhe zu haben und die ewige Verantwortung und die ständigen Rechnungen los zu sein. Und doch hatte er es sich anders vorgestellt, denn eigentlich wollte er auf der sicheren Seite sein und für den Tag danach eine klare Alternative haben. So viele Pläne hatte er für den Tag geschmiedet, an dem er endlich würde ausschlafen können, an dem sein Entschluss garantiert Gewinn abwarf, an dem seine Aussichten sich unmittelbar in Dollars umsetzen ließen, die sich automatisch vervielfältigten, sobald er seinen brillanten Plan in die Tat umsetzte. Nur stellte sich leider bald heraus, dass Basil Kambanis überhaupt keinen Plan hatte, keinen eigenen und auch keinen aus zweiter Hand, nur allerlei diffuse Ideen geisterten in seinem Kopf herum, die keine konkrete Form annahmen, aus der etwas Solides und Bleibendes hervorgegangen wäre. Er mochte Autos, aber nicht genug, um einen Gebrauchtwagenhandel zu beginnen. Wer kaufte außerdem einen amerikanischen Wagen aus zweiter Hand mit einem unersättlichen Tank, während der Ölpreis einen historischen Rekord nach dem anderen brach? Er konnte einen Bürojob von zu Hause aus machen, Artikel für eine Regionalzeitung schreiben und sich dann langsam die journalistische Hierarchie hocharbeiten. Doch Susan hatte ihm schon vor langer Zeit klargemacht, das könne er vergessen, er habe kein Talent, und er solle sich die Schreiberei aus dem Kopf schlagen. Wer interessierte sich in einer durch Armut und Wirtschaftskrise, Arbeitslosigkeit und Kriminalität gebeutelten Stadt schon für Gespenstergeschichten von Petty Island oder für die vergrabenen Schatzkisten von Sklavenhändlern aus dem 17. oder 18. Jahrhundert? Basil Kambanis fühlte sich verkannt und wollte nicht akzeptieren, dass er so gar kein Talent haben sollte, und Susan streichelte seine Hand und sagte, seine Texte seien grammatikalisch und syntaktisch korrekt formuliert und ganz okay. »Aber, Schätzchen«, seine Themen hätten weder mit der Gegenwart noch mit Camden zu tun, und seine Sätze seien wie Züge mit zu vielen Waggons, langatmig und pedantisch, die einem keine Zeit zum Luftholen ließen. Wenn er wenigstens etwas Interessantes zu erzählen hätte, etwas Mitreißendes, etwas, das die Leser ansprach… So verblasste ein Plan nach dem anderen, wurde zu missratener Tintenkleckserei auf einem Stück Papier. Nur der Scheck, der in seiner Jackentasche steckte, der war real, aber wertlos trotz all seiner Nullen. Wenn er noch länger im Auto sitzen blieb, dann wurde er genauso wertlos und verwandelte sich in eine nichtssagende Null, eine Niete, einen Versager, und aus Angst, an all diesen Nullen zu ersticken, riss er den Wagenschlag auf und stieg aus. Da stand er einem fast vollen Mond gegenüber, einer riesigen, bleichen, alles verschlingenden

Null, die am Himmel hing wie ein Damoklesschwert über seinem Kopf.

Basil Kambanis schläft auf der linken Seite neben dem Fenster, durch das kühle Nachtluft hereindringt, aber vielleicht kommt es ihm nur so vor. Den 23.000-Dollar-Scheck hat er in den Kissenüberzug geschoben und kann unter seinen Fingern die Textur des Papiers spüren, aber vielleicht bildet er sich das auch nur ein. Je mehr er um Schlaf ringt, umso wacher wird er und umso quälender werden seine Gedanken. Susan dreht sich im Schlaf und landet auf seiner Seite. Es nervt ihn, wie leicht und problemlos seine Frau einschläft, immer schon hatte sie einen gesegneten Schlaf, auch wenn etwas schiefgegangen und auch, wenn etwas wirklich Schlimmes passiert war, wie damals, als Leto vierzig Grad Fieber hatte, das einfach nicht sinken wollte, sie mit ihr zur Notaufnahme rasten und die Kleine zwei Nächte im Krankenhaus lag; oder als er sich so elend fühlte, dass er schon an einen Herzinfarkt glaubte, aber zum Glück war es nur ein Reflexschmerz, der vom Magen bis zum Rücken ausstrahlte, der durch Medikamente zur Regeneration der Zwölffingerdarm-Schleimhaut und der Verdauung bekämpft werden konnte; oder als Susans Vater Dave starb, Gott hab den Armen selig, und sie den ersten Zug nach Columbus, Ohio, nehmen sollten, da schlief Susan auch wie ein Stein, und fast hätten sie den Zug und das Begräbnis verpasst. Während er sie betrachtet, ihre fest geschlossenen Augen und die unter den Kopf geschobenen Hände, die ihm das Bisschen Lebensraum und Schlaf rauben, das ihm zusteht, kann er sie sich gut als alte Frau mit Arthritis vorstellen, wie es schlanke, zerbrechliche Frauen manchmal bekommen; auch den Oberschenkelhalsbruch mit fünfundsiebzig, weil sie auf einer frisch gewischten Treppe ausgerutscht ist;

ihr Gesicht, das von feinen, symmetrischen Falten kreuz und quer durchzogen ist; ihr weißes, dünnes, stellenweise schütteres Haar, das so glanzlos ist wie eine trübe Fensterscheibe im Morgendunst, und ihre blauen Augen. Basil Kambanis hätte sich mit dem Geld, das er im Kissenüberzug versteckt hat, am liebsten Zeit zurückgekauft, mindestens zwanzig Jahre, um seine dichten, gewellten Haare, die ihm zusehends ausfallen, wiederzubekommen. Als er mit den Fingern seinen kahlen Hinterkopf berührt, fühlt er sich an wie ein Totenschädel. Er dreht sich auf die andere Seite und presst das Kissen an sich, findet aber immer noch keinen Schlaf. Er steht auf, geht auf die Toilette und trinkt einen Schluck Wasser. Es bringt Glück, wenn man alles, was der Körper verliert, rasch wieder auffüllt.

Basil Kambanis spült nicht, weil er die Mädchen nicht aufwecken will, die sich, gleich gegenüber dem elterlichen Schlafzimmer, das breite Einzelbett in Letos Zimmer teilen. Auf Zehenspitzen schleicht er die Holztreppe nach unten, und als er das Wohnzimmer etwas schneller durchquert, stolpert er über die herumliegende Schultasche seiner Tochter und stößt sich den kleinen Zeh an der Sofaecke. Er flucht, weil er vergessen hat, vor dem Schlafengehen das kleine, blaue Nachtlicht anzumachen. Als er rechts leicht hinkend in die Küche tritt, steht Leto vor dem offenen Kühlschrank und holt, den Löffel in der Hand, gerade die Familienpackung Erdnussbutter heraus. Bevor sie die Beute ihres nachmitternächtlichen Überfalls genießen kann, schnappt ihr Basil Kambanis das Glas weg und erinnert sie an die Abmachung, die sie vor drei Jahren nach zweistündigen, harten Verhandlungen getroffen haben: Erdnussbutter sei ein notwendiges Übel in der Nahrungskette und sie stehe im Kühlschrank und auf dem Tisch, weil es auch bei ihren

Mitschülerinnen und Mitschülern so sei. Basil Kambanis würde ihr niemals etwas vorenthalten und sie im Vergleich zu den anderen benachteiligen, aber das hieße nicht, dass sie sich jederzeit Zugang zu den gesättigten Fettsäuren verschaffen könnte. Sie hätten sich auf eine mit Erdnussbutter bestrichene Scheibe Brot alle zwei Tage nach dem Mittag- oder Abendessen geeinigt, und daran solle sie sich halten; außer sie würden heute Nacht das ganze Riesenglas Erdnussbutter gemeinsam verputzen, bis zum Boden auslöffeln und nie wieder ein neues kaufen, denn Erdnussbutter sei ein Geschmack der Kindheit, den Leto hinter sich lassen solle. Vor drei Tagen habe sie ihre erste Regel bekommen, sie sei jetzt ein großes Mädchen.

Sie sitzen, ohne Licht anzumachen, am Küchentisch, dazwischen das Riesenglas Erdnussbutter. Eigentlich wollte Leto nur einen Löffel voll, vielleicht auch zwei, allerhöchstens drei, nur wegen des Geschmacks, aber nicht den Inhalt der halben Packung im Magen haben. Trotzdem würgt sie noch einen Löffel hinunter und drängt die aufsteigende Übelkeit zurück, bevor sie das Glas aufatmend von sich schiebt, bis hierhin und nicht weiter, mehr geht nicht. Basil löffelt ungeniert weiter, während ihn Leto mustert, sein schütteres Haar und die widerspenstige Stirnlocke, die ihm vors Auge fällt, und sie fragt ihn, ob es wahr sei, dass er weggeht. Basil behält den Löffel im Mund, um Zeit zu gewinnen, und antwortet dann mit Ausflüchten und Halbwahrheiten, das hänge auch von ihrer Mutter ab, die Menschen veränderten sich manchmal im Lauf der Jahre und würden von Gefährten zu Feinden, die sich wie wild um einen Teller Essen streiten. Leto fragt, wie und warum sie sich verändert hätten, und Basil stützt sein Kinn in die Handfläche, als zögerte er zuzugeben, dass Träume früher oder später aufgegeben werden und sich in praktische Pläne verwandeln, in den Kauf eines Hauses und in das erste Kind, in einen Familienkombi und in ein Wochenendhaus, und dass an einer dicken, fetten Familienpackung zum Vorteilspreis nichts Erotisches und Begehrenswertes ist. Aber Leto fragt beharrlich weiter, wie sie ihre Mutter überzeugen könnte, ihn vom Weggehen abzuhalten und zum Bleiben zu bewegen. Basil antwortet, dass er ernsthaft darüber nachdenke, nein, eigentlich entschlossen sei, sich in Griechenland niederzulassen und ein Restaurant zu eröffnen, er habe vor, etwas ganz Eigenes aus dem Boden zu stampfen, er habe eine zweite Chance verdient. Leto schielt nach dem fast leer gegessenen Glas, während Basil aus purer Verlegenheit mit dem Löffel ständig die Glaswände entlang kratzt, um noch ein Quäntchen Zeit herauszuschinden, und Leto, die ihre gefühlskalte und halsstarrige Mutter gut kennt, kann sich nicht vorstellen, dass sie auf der anderen Seite des Atlantiks an einem fernen, sonnenüberfluteten Ort wie Griechenland wohnen will. Sie bittet ihn, ja, sie fleht ihn förmlich an, sie mitzunehmen, wenigstens probeweise, sie will nicht mit Susan in Amerika bleiben, sie mag die Schule in East Camden nicht, sie hasst Mrs. Gardner mit ihren blöden Aufsätzen und ihrem dämlichen Frage- und Antwortspiel. Sie will sich in einer griechischen Schule anmelden, Griechisch lernen und endlich diese idiotische »68« loswerden, die ihre durchgeknallte Mutter ihr aufgehalst hat und über die sich alle hinter ihrem Rücken lustig machen, und auch im Fußball will sie eine neue, eine bessere Frauenmannschaft finden, in der sie weiterspielen kann, und dann will sie studieren und arbeiten gehen. »Und was ist mit Minnie?«, unterbricht Basil sie. »Lässt du deine Freundin ganz allein hier zurück?«, hakt er nach und spielt die letzte Stiefvater-Karte aus. Leto denkt gut darüber nach, besser als vorhin, ja, richtig genau sogar, und das Blut schießt ihr in den Kopf und die Tränen schießen ihr in die Augen: »Mama hat sie lieber als mich.« Dann erhebt sie sich weinend, macht in ihrer Verwirrung versehentlich das Licht in der Küche an und läuft zur Toilette, um sich zu übergeben. Sie ekelt sich vor der Erdnussbutter, vor ihrer Mutter, vor ihrem Stiefvater und vor ihren Mitschülern, vor der ganzen Welt. Keiner versteht sie, keiner hat sie je verstanden.

Der Punkt ist nicht nur, dass niemand sie versteht, der Punkt ist, dass sie über ihren Körper, über ihren Appetit und über ihre schlechte Laune nicht selbst bestimmen kann. Mit ihr geschieht gerade etwas Schreckliches, das kaum zu ertragen ist. Aber das Schlimmste ist, dass es außerhalb ihrer Kontrolle liegt. Die eklige Windel namens »Damenbinde« nervt, aber sie muss sie tragen, weil sie das schmutzig-braune Blut aufsaugt, das regelmäßig und in großen Mengen aus ihrem Körper quillt. Als Susan ihr sagte, das passiere von jetzt an einmal im Monat, jeden Monat, für den Rest ihres fruchtbaren Lebens, also mehr oder weniger, bis sie fünfzig war, war sie kreuzunglücklich. Der Gedanke, wie sie mit einer Windel, die sie schon beim Sitzen stört, rennen und Fußball spielen soll, trieb sie fast zum Wahnsinn. Seit drei Tagen wünscht sie sich von ganzem Herzen, ein Junge zu sein. Pinkeln im Stehen war schon ein unleugbarer, kaum zu überbietender Vorteil, aber das hier war ein Schlag unter die Gürtellinie. Jetzt ist sie überzeugt, dass Jungen viel besser dran sind als Mädchen, und sie wundert sich, was Jungen an Mädchen überhaupt attraktiv finden und warum sie ihnen hinterherlaufen. Sie will sich nur noch verkriechen, bis alles vorbei ist; sie wird aus dem Haus gehen, sie wird eine wortkarge, orakelhafte Nachricht hinterlassen und für ein paar Tage verschwinden; sie wird ihnen zeigen, wozu Leto imstande ist; sie hat es satt, dass andere über sie bestimmen. Während Minnie schlaftrunken beobachtet, wie Leto scheinbar ohne Sinn und Verstand verschiedene Dinge in ihre Schultasche stopft, die darin überhaupt nichts zu suchen haben, leert Leto den Inhalt ihres wohlgenährten Sparschweins in ihre Hosentasche und verkündet Minnie, es gebe ein Auswärtsspiel mit Übernachtung im benachbarten Philadelphia, und sie solle ihren Eltern sagen, dass sie zum Abendessen nicht zuhause sei.

XIV

Ein verschwomm'ner Nebel hängt über der Hälfte der Seiten:
(Manchmal wie seltsam und klar für die Seele,
Dass all diese festen Dinge in Wahrheit nichts sind
als Erscheinungen, Begriffe, Nicht-Realitäten.)

Walt Whitman, Erscheinungen

Antonis Kambanis' erster Gedanke war, dass die italienische
Mafia aus der Zeit mit Tony Mecca mit ihm noch eine Rechnung offen hatte. Er zerbrach sich den Kopf, für welchen
Fehler er, über fünfzehn Jahre später, mit Zins und Zinses-
zins bezahlen sollte. Aber er konnte nichts Konkretes finden,
keine überzeugende und auch keine logische Erklärung. Je länger er in dem Wagen saß, der die Benjamin-Franklin-Brücke
überquerte und Camden in Richtung Philadelphia verließ,
desto mehr graute ihm. Die dortige Mafia war – anders als
der griechische Städtename andeutete, der »Bruderliebe«
bedeutete – wenig brüderlich gesinnt, sondern für ihre Bru-
talität und für ihre extremen, eindrucksvollen Methoden bekannt. Die standen den abgeschnittenen Ohren und abgehackten
Fingern der New Yorker und den abgeschnittenen Zungen und
fehlenden Nasen der Brooklyner Mafia an unmenschlichem
Einfallsreichtum in nichts nach. Bevor er zum Zeichen der
Reue für seine alten Sünden die Hände zu einem stillen Ge-
bet falten konnte, verband ihm der größte und vierschrötigste
der Männer mit einem schwarzen Tuch die Augen. Dann
wendete der Wagen und bog nach zwanzig Minuten offenbar in einen Feldweg. Als der Beifahrer das Fenster herun-
terkurbelte, um seine Zigarrenasche hörbar wegzuschnippen,
stieg Antonis Kambanis feuchter Erdgeruch in die Nase, und

der Wagen hielt ruckartig an. Bevor er seine Glieder dehnen und strecken konnte, zerrte man ihn hoch und warf ihn in einen Verschlag mit ein paar Sitzbänken und einer Gemeinschaftstoilette. Dann pfropfte man weitere zehn Mann, die sich alle irgendwie ähnlich sahen, in die Sardinenbüchse. Nach ersten zögernden, forschenden Fragen und Antworten stellte sich bald heraus, dass es eine Tatsache gab, die sie alle durch die Bank belastete: Ausnahmslos alle besaßen italienische Papiere und hatten aus dem einen oder anderen Grund nicht die US-amerikanische Staatsbürgerschaft beantragt. Nach der 1918 erfolgten Abänderung der »Alien and Sedition Acts« von 1798 hatte die Regierung das Recht, ausländische Staatsangehörige ohne US-amerikanische Staatbürgerschaft, deren Heimatland in einer kriegerischen Auseinandersetzung mit den USA stand, ab dem vierzehnten Lebensjahr festzunehmen, einzusperren und auszuweisen.

Die Wahrheit ist meistens so schlicht und einfach wie eine mathematische Formel, die ein Naturgesetz beschreibt. Auch wenn sie eine Vielzahl von Kausalbeziehungen enthält, von inneren und äußeren Faktoren, von unbekannten, konstanten oder variablen Größen, liegt die Wahrheit, die persönliche und die kollektive, gewöhnlich in der Mitte vieler Unwahrheiten, die für unerschütterliche Wahrheiten gelten, auf die diejenigen schwören, die sie mit gewissen Unwahrheiten klug zu kombinieren wissen. Antonis Kambanis hatte, die Hände vor der Brust verschränkt, nicht die Gabe der Rede, er wäre nicht gewieft genug gewesen, seine Haut zu retten. Bei seiner Vernehmung versuchte er, die FBI-Agenten vergeblich zu überzeugen, dass sein Leben nach den Zufälligkeiten des Würfelspiels verlief. Er ginge dorthin, wohin es ihn verschlug, zufällig sei er in Camden gelandet, zufällig habe er bei der New York Shipbuilding Corporation Arbeit gefunden und dort alles von der Pike auf gelernt. Vor zwanzig Jahren habe er einfach einen Job gesucht und den schließlich auch gefunden, die italienische und die irische Mafia kenne er nur vom Hörensagen, was erzählten sie da von Grappa, Leichen, Provisionen und illegalen Auslieferungen. Ja, auch wenn er zufällig ein paar kleine italienische Ganoven kenne, sei es doch nicht seine Schuld, wenn ihre Mafiabosse Mussolini unterstützten. Seine italienischen Papiere seien falsch, er sei Grieche und Teil der über die ganze Welt verstreuten griechischen Diaspora, geboren auf der Insel Nisyros, die sich, so wie alle Inseln des Dodekanes, zu seinem Unglück immer noch in der Hand der Italiener befinde. Mit italienischen und deutschen Agenten habe er nichts zu schaffen, und Japaner habe er sein Lebtag lang keinen gesehen, und wenn, dann hätte er ihn für einen schlitzäugigen Chinesen gehalten. Er habe keine Ahnung, was sie ihm wegen der kleinen, taubstummen Irin vorwerfen. Er sei Grieche, ein ehrlicher und anständiger Mann, und wäre er in Griechenland, dann würde er an der Seite der Alliierten kämpfen. Zum Militär habe er sich nicht gemeldet, weil er nicht musste, es stand nicht auf der Tagesordnung. Wer will schon unter Lebensgefahr Feinde und deren Ideen bekämpfen? Er habe sich, so wie alle, ein Dach über dem Kopf gewünscht, einen gut bezahlten Job und seine Ruhe. Er wollte erleben, dass sein Sohn es ein bisschen besser hinkriegte als er selbst. Er sei ein gesetzestreuer Geschäftsmann und besitze drei Läden, das heißt zweieinhalb, nun, zwei eigentlich, er zahle seine Steuern und sei seit sieben Jahren mit einer Griechin aus Lesbos verheiratet. Hier, der Ehering, aus echtem Silber, bitte schön. Warum glaubten sie ihm nicht, verdammt? Was habe er in einem Lager für Abschiebehäftlinge in Montana oder Tennessee zu suchen? Er sei kein Verräter und auch kein Agent oder Saboteur. Um die US-Staatsangehörigkeit habe er sich nicht bemüht, weil er es vergessen habe, er habe nicht daran gedacht, ihm sei die Notwendigkeit nicht bewusst gewesen. Er fühle sich mehr als Amerikaner denn als Grieche, aber er werde sich sofort darum kümmern, den Antrag ausfüllen und die Gebühr bezahlen. »Jetzt«, sagt er und meint es auch, und als er die Stimme erhebt, um das Unrecht zu unterstreichen, das ihm widerfährt, fällt die Tür hinter dem Beamten ins Schloss, und ein Arm zerrt ihn hoch und drängt ihn wieder in den Verschlag, wo er nach einem Tritt in den Hintern auf der Wartebank landet.

Zu seinem Glück brachte man ihn nicht nach Montana, denn dort legte man nur die verdächtigen Deutsch-Amerikaner zusammen, und ein Stück weiter in Idaho, Wyoming und Arkansas die Japaner der ersten und zweiten Einwanderergeneration. Bis zum Juni 1942 hatte man bereits fünfzehnhundert Italiener festgenommen und abgeschoben. Antonis Kambanis war nicht darunter, weil er Glück im Unglück hatte. Während er auf das Urteil der FBI-Agenten wartete, erkannte ihn der ehemalige italienische Mafioso wieder, der jetzt V-Mann beim FBI war, mit besten Beziehungen zu den Mafiabossen Lucky Luciano und Paul Carbone. Er hatte Antonis Kambanis im Jahr 1919 Job und Schlafplatz angeboten, wenn er ihm in Hell's Kitchen ein wenig zur Hand ginge, und er war immer schon stolz darauf, dass er sich Gesichter bis ins kleinste Detail gut merken konnte. Er hatte ihn sofort erkannt, und da ihm Antonis Kambanis so viele Jahre später noch genauso bemitleidenswert und bettelarm vorkam wie damals, legte er beim FBI ein gutes Wort für ihn ein. Mussolini war inzwischen über Kreuz mit der Mafia und die Mafia mit Mussolini, und der letzte Stand der Dinge war, dass die

Mafiabosse unter Führung des inhaftierten Paten Lucky Luciano Präsident Roosevelt überzeugt hatten, zum Wohle der Demokratie gemeinsam gegen Nazis, Kommunisten und Faschisten vorzugehen. Genauso kam es dann auch, die Amerikaner knüpften Kontakte und schlugen Brücken zu den sizilianischen Mafia-Familien und bereiteten den Boden für das Täuschungsmanöver »Operation Mincemeat«[*] vor, das von der britisch-amerikanischen Invasion in Sizilien, Hitlers weichem Unterbauch, unter Führung von General Eisenhower ablenken sollte. Wenn die kraft- und saftlosen Kommunisten in Frankreich es wagen sollten, im alten Hafen von Marseille Hand an die suspekten Ladungen von Paul Carbone und Salvatore Greco zu legen, dann würden die Brüder von der korsischen Mafia[**] sie in der Luft zerreißen.

Nach drei Tagen, die ihm vorkamen wie eine ganze Woche, saß Antonis Kambanis in einem klapprigen Bus zurück nach Camden, und nach anderthalb Stunden Fußmarsch war er zuhause. Die öffentlichen Busse fuhren bei Tagesanbruch noch nicht, und als er müde und erschöpft die Wohnung betrat, sagte er kein Wort, schloss sich in das kleine Bad ein,

---

[*] Der Geheimdienstoffizier der US-Navy Ewen Montegue inszenierte den Absturz eines Kurierflugzeugs im Meer. Der tote Pilot trug die Züge und den Namen des britischen Marine-Majors William Martin. In den Papieren, die er bei sich trug, stand die Falschinformation, dass ein alliierter Angriff auf Kreta, Sardinien und Korsika bevorstehe. Der Tote wurde am Morgen des 30. April 1943 von einem spanischen Fischer entdeckt, der die deutsche Abwehr informierte und diese ihrerseits den deutschen Konsul Adolf Clauss. Die Deutschen gingen der Nachricht auf den Leim und waren selbst zwei Wochen nach der Landung in Sizilien immer noch der Meinung, die tatsächliche Invasion würde auf Sardinien und Kreta stattfinden.

[**] Die Route Marseille – New York bediente den Heroinhandel, später wurde sie bekannt unter dem Begriff »French Connection«. Die korsische Mafia kooperierte im Zweiten Weltkrieg eng mit der CIA.

wusch sich, zog sich an, frisierte sich und ging zwei Stunden später wieder weg, um seine Personalien und Fingerabdrücke im nächstgelegenen Postamt abzuliefern, wie ein polizeibekannter Verbrecher, der eine Gräueltat begangen hat. Dort nahm man ihm den alten Ausweis ab, machte ein aktuelles Foto und stellte ihm im Gegenzug eine neue Identitätskarte für »feindliche Ausländer« aus, die er Tag und Nacht bei sich tragen sollte. Damit zählte er zu den 1.100.000 »feindlichen Ausländern« in den Registern des US-amerikanischen Justizministeriums, die entweder in ein Internierungslager kamen oder unter eingeschränkter Bewegungsfreiheit auf freiem Fuß bleiben durften. Ihr weiterer Verbleib hing von ihrem gehorsamen und anständigen Verhalten gegenüber Staat und US-amerikanischer Nation ab.

In diesen drei Tagen, die ihm wie eine ganze Woche schienen, war etwas in ihm zerbrochen, das nicht mehr zu kitten war. Er zog sich von der Welt zurück, erhob die Hand nicht mehr gegen Rallou, und selbst die Besuche im griechischen Café stellte er ein, nur noch sehr selten schaute er im »Niagara« vorbei. Die politischen Entwicklungen verfolgte er immer noch, aber ohne die frühere Leidenschaft, als beträfe ihn das Ganze nicht mehr. Nicht, weil er in eine Depression verfallen wäre, seine Kräfte reichten einfach für nichts anderes mehr. Gerade so viel und nicht mehr konnte er Anteil nehmen, sich aufregen, Angst oder Zorn fühlen. Die Schusterläden, die zufriedenstellend liefen, behielt er, weil sie ein regelmäßiges Einkommen und Weihnachtsgeld abwarfen, führte sie aber mit weniger Eifer und Engagement. Es dauerte nicht lang, und er ging gebückt und wirkte ein Stück kleiner als zuvor, er nahm ein, zwei Kilo ab, langsam wurden drei, vier daraus, er aß nicht mehr mit seinem früheren Appetit. Ein Jahr später, im Frühling 1943, erhielt sein fünfjähriger Sohn die US-Staatsbürgerschaft, ihm selbst wurde sie verweigert, es hieß, man würde das Kriegsende abwarten, dann weitersehen und entsprechend entscheiden. Antonis Kambanis schlug sich im Geschäft tagein tagaus mit finanziellen Problemen herum, sein Partner aus Saloniki verlor langsam den Bezug zur Wirklichkeit und seine Symptome deuteten auf eine schnell voranschreitende, aggressive Form von Alzheimer hin. Gleichzeitig versuchte Rallou, mit dem Trinken aufzuhören, aber vergeblich. Jedes Mal, wenn sie ihren Alkoholkonsum reduzieren wollte, kehrten die Dämonen umso mächtiger zurück und trieben sie auf die Straße, wo sie die Passanten mit galligen Kommentaren und ordinären Flüchen überschüttete. Der kleine Basil versteckte die Flaschen in Schränken und Schubladen, zwischen den Bettdecken und unterm Bett, hinter den Türen und auf dem Fenstersims, aber die gewitzte Rallou hatte eine Spürnase wie ein Maulwurf, blind erschnupperte sie den Alkohol, der sie magisch anzog, da konnten CIA und FBI einpacken.

Während die Alliierten versuchten, die deutschen Verteidigungslinien in Italien zu durchbrechen und Rom einzunehmen, verkaufte Antonis Kambanis Takis' Anteil an dem Laden in Liberty Park, um seinen Freund, der im Sterben lag, ärztlich zu versorgen und das Begräbnis zu bezahlen, das war er ihm schuldig. Als er seine Wohnung entrümpelte, fand er einen gut erhaltenen Victrola-Plattenspieler und verstaubte Schallplatten, auf denen die handgeschriebene Notiz »Enrico« stand. Er nahm beides mit ins Geschäft und dann zu sich nach Hause, und ein paar Stunden vor dem Begräbnis – der kleine Basil war unruhig und Rallou saß ganz in Schwarz wortlos auf dem Sofa – wollte er die Stille durchbrechen und den Winter verjagen, der sich in den Mauern und Möbeln eingenistet hatte. Er klappte den Plattenspieler auf, setzte die zittrige Nadel auf die Schallplatte, und aus dem Lautsprecher drang die warme Stimme von Caruso, die sie verzauberte und umschmeichelte. Dabei ahnten sie nicht, dass der Pariser Winter von 1830 genauso unbarmherzig und klirrend kalt war und der schwindsüchtigen Näherin Mimi die Liebe und das Leben kostete. Während die Nadel die Tonrille entlangfuhr, brach die Melodie mittendrin mit einem Misston ab, die Stimme sang nicht weiter, und irgendwer sagte: »Noch mal von vorn, Enrico«. »La Bohème« verstummte nach diesem Malheur, es war ein Unglücksmoment, ein missglückter Versuch. Aber auch jede der anderen Platten, die er auf dem Victrola abzuspielen versuchte, wies eine Unvollkommenheit oder eine Wiederholung auf. Es waren Mängelexemplare, die im Müll gelandet waren, abgebrochene Aufnahmen, bei denen etwas schiefgelaufen war, ein verpatzter Beginn, eine verrutschte Note, eine sich verhaspelnde Stimme, falsch einsetzende Musiker. Aber Antonis Kambanis bestand darauf, eine Platte nach der anderen abzuspielen, es wollte ihm nicht in den Kopf, dass sein Partner nur die Missgeschicke und Unzulänglichkeiten der anderen gesammelt hatte. Rallou hielt es irgendwann nicht mehr aus und schrie: »Ich kann nicht mehr!« Der kleine Basil hielt sich die Ohren zu und flehte ihn auf Knien an, die Stimmen zum Schweigen zu bringen.

Die Stimmen verstummten, und es kam der Frühling. Im April beruhigte sich die Lage, und in Dudley, Marlton und Parkside sammelte man von Haus zu Haus alte Töpfe und Pfannen und jede Art wiederverwertbares Alteisen, um die Waffenproduktion für den Krieg, der in Europa, Afrika und Asien tobte, zu unterstützen. Nachdem Rallou ihre Mitgift, zwei Pfannen und einen großen Topf, gespendet hatte, waren keine Kochgeräte mehr im Haus. Als Antonis Kambanis dahinterkam, sagte er keinen Ton und kaufte stillschweigend eine neue Pfanne und einen neuen Topf. Der Mai war mild, und die Berichte von der Front klangen hoffnungsvoll. Alle vierzehn Tage meldete sich Kambanis bei den Behörden, stellte sich in die Warteschlange und setzte seine Unterschrift unter die Bezeichnung »feindlicher Ausländer«. Danach ging er zurück zum Geschäft in Dudley, verbrachte dort den halben Tag und wanderte anschließend nach Parkside, um zu sehen, wie es dort lief. Es brach ein heißer Juni über sie herein, und manchmal ließ Antonis morgens sein Sakko auf dem Stuhl zurück. Eines Abends, als es zu nieseln begann, wäre er um ein Haar krank geworden, aber zum Glück war er so abgehärtet, dass jeder Virus einen Bogen um ihn machte. Am 4. Juni 1944 befreite die 5. US-Armee Rom, und am selben Tag war Rallous rechte Hand gegen Mittag genauso schlimm verbrannt wie die grünen Bohnen, die sie auf dem Gasherd vergessen hatte. Zu allem Überfluss wurde Basil am nächsten Morgen krank mit 39 Grad Fieber, und trotz all der kleinen, kaum wahrnehmbaren Vorzeichen, die sich wie feine Nadelstiche anfühlten, kam das, was folgen sollte, ohne jede Vorwarnung. Am 6. Juni, als Basil auf dem Weg der Besserung war, Antonis Kambanis für einen Benefiz-Ball zugunsten der Ehefrauen kriegsinvalider Marinesoldaten alle Hände voll zu tun hatte und die US-amerikanischen, britischen und kanadischen Streitkräfte in einer gemeinsamen Operation unter General Eisenhower in der Normandie landeten, bereitete Rallou gefüllte Tomaten und Paprika zu. Sie gelangen ihr besser als je zuvor, und sie machte das Radio leise an, um die Sendung »Voice of America« mit Telly Savalas zu hören. Dann stellte sie einen Teller

Essen und kräftigen Wein, den ihr der großzügige, mitleidige Cousin heimlich geschickt hatte, auf den Tisch, setzte sich ans Fenster und aß, wie es ihre Mutter immer getan hatte, zuerst die Paprika und dann die Tomate. Die beiden kleinen knusprigen Kartoffeln hob sie sich mit einem Stück weichem, salzigem Feta für den Schluss auf, und sie trank den ganzen Wein aus, anderthalb Liter auf einen Schlag. Benebelt und verwirrt vom Alkohol meinte sie, gar nicht in Amerika zu sein. Im Radio wurde Griechisch gesprochen, und die Tomaten waren so süß und saftig und die Paprika so knackig und duftend, als stammten sie aus dem Garten ihres Onkels. Die Kartoffeln hatten das Öl aufgesogen und waren unter der Kruste ganz weich. Da ging vor dem Fenster jemand vorbei, der ihrem älteren Bruder ähnlich sah, er war Andreas wie aus dem Gesicht geschnitten. Am helllichten Tag spazierte er durch Dudley, mein Gott, wann war er gekommen? Wie lange hatte sie ihn schon gesucht? In ihrer Küchenschürze sprang sie auf und wollte ihm entgegenlaufen, riss torkelnd die Tür auf und stürzte nach draußen.

XV

Einsame Amsel, rotgefiedert,
reitet bei Flut auf dem Schilf –
wogende Wolken

Nick Virgilio

Im Haus von Susan Miller und Basil Kambanis herrscht Aufregung, es ist schon nach neun, und Leto ist noch nicht zuhause. Der mit Erdnussbutter beschmierte Zettel mit der flüchtig hingekritzelten Nachricht »Ich hau ab von hier« auf dem Küchentresen und Minnies Aussage, Leto sei zu einem Freundschaftsspiel ins benachbarte Philadelphia gefahren, geben Susan und Basil Rätsel auf. Susan hat in der Schule angerufen, aber dort weiß man von keinem Freundschaftsspiel, ein Anruf von Basil beim Fußballtrainer brachte auch keine neue Einsicht. Ja, vor einem Monat habe man über ein Freundschaftsspiel mit den »Hyenas« aus Philadelphia nachgedacht, aber das Spiel aufgrund fehlender Finanzierung abgesagt. Ob er wisse, wie teuer eine Übernachtung in Philadelphia sei? Man zahle doppelt und drei Mal so viel wie in Camden, da könnten sie gleich in Boston oder Washington spielen. Nachdem Basil den Hörer aufgelegt hat, wirkt Susan ratlos, und beide blicken argwöhnisch auf Minnie. Vielleicht denken sie insgeheim, dass seit Minnies Ankunft verdammt viel schiefgeht, aber sie trauen sich nicht, den Vorwurf laut zu erheben. Susan geht in der Küche auf und ab, Basil öffnet die Hoftür in der Hoffnung, alles sei ein Missverständnis und Leto trete hinter dem Haus wie immer den Ball gegen die Wand. Minnie fühlt sich fehl am Platz, weiß aber nicht, wo sie sonst hinsoll. Sie ballt die Fäuste, beißt die Zähne zusammen und hockt sich auf den Sofarand. Am liebsten würde sie sich ganz klein machen, unsichtbar werden, draußen durch die Straßen wandern und sich unbemerkt in fremde Häuser schleichen. Dann würde sie so lang, bis sie erwachsen wäre und niemanden mehr nötig hätte, die Essensreste von den Tellern anderer Familien stehlen, in den Ecken ihrer Kingsize-Betten schlafen, leihweise ihre Kleider tragen und sie, sobald sie rausgewachsen wäre, wieder zurückgeben. Susan ruft bei der Polizei an, um ihre Tochter als vermisst zu melden. Aber es sind noch keine vierundzwanzig Stunden vergangen. Am besten, erklärt man ihr, sollten sie noch drei, vier Stunden warten, bevor sie auf die Wache kämen. Basil schlägt Susan vor, mit dem Auto schnell nach Philly zu fahren. Währenddessen versucht Leto, mitten in all dem Chaos und der Panik, ein Plätzchen in dem großen Metallschrank mit den Gartengeräten und der alten, zusammengerollten und feuchten Gästematratze zu finden. Schließlich hat sie es tatsächlich geschafft, sich in die Matratzenrolle zu zwängen, nur die widerspenstigen blonden Haarspitzen lugen hervor, nur der pfeifende, unregelmäßige Atem ist zu hören. Der Staub und die Milben aus dem Schrank und der uralten Matratze kratzen sie im Hals, blöderweise hat sie das Asthma-Spray vergessen, dann hätte sie einen tiefen Zug nehmen und jetzt ihre Ruhe haben können. Aber noch hält sie es aus und bleibt in ihrem Versteck, sie beschließt durchzuhalten, so lange es irgendwie geht.

Ihre Gliedmaßen sind schon ganz taub, es ist nicht leicht, stumm und reglos an demselben, beengten Platz auszuharren. Sie kriecht heraus, dehnt die Arme und schüttelt die Beine aus. Es sind erst zwei Stunden vergangen, sie gähnt unschlüssig und gelangweilt, danach schlüpft sie wieder in den schwarzen, spiralförmigen Stollen in der mottenzerfressenen Matratzenrolle. Sie lehnt den Kopf zurück und wünscht sich, ihre Eltern wären tot, hätten den regennassen Asphalt falsch eingeschätzt und wären in einer gefährlichen Kurve von der Fahrbahn abgekommen. Sie holt tief Luft und ändert ihre Meinung, nein, sie will nicht, dass sie sterben, sie will sie vor dem sicheren Tod retten, den sie als Einzige voraussieht, sie will sie herausziehen aus dem brennenden Wagen und sie, da eine Explosion droht, unter Lebensgefahr Mund-zu-Mund beatmen. Aber das reicht ihr immer noch nicht, und sie rutscht noch ein Stück tiefer in die Matratze. Sie selbst will sterben, beschließt sie, sie will auf der Stelle tot sein, und ihr Begräbnis soll für die Eltern die größte Strafe auf Erden sein. Aber sie ist großmütig und verzeiht ihnen all die bitteren Erfahrungen und Enttäuschungen, die sie ihr bereitet haben. Sie wird sogar mit ihnen trauern, sie wird ein Stück entfernt stehen, den Leichenzug verfolgen und sich, obwohl sie Begräbnisse hasst, die Beileidsbekundungen anhören. Bei dem einzigen Begräbnis, an dem sie bis jetzt teilgenommen hat, dem ihres Großvaters aus Columbus, starrten ihre Cousins sie an, als käme sie vom Mars, und stellten ihr die haarsträubendsten Fragen, was Leto eigentlich heiße und was das für ein bescheuerter, hinterwäldlerischer Name sei. Der Bruder ihres verstorbenen Großvaters drückte ihr einen speichelnassen Kuss auf die Wange und zwickte sie in den Hintern, und Tante Mary tadelte sie, weil sie, gar nicht damenhaft, Sportschuhe trug und mit gespreizten Beinen dasaß. All das fällt ihr jetzt wieder ein, und das Blut schießt ihr in den Kopf, sie hasst sie alle und fragt sich, ob irgendwer sie vermissen würde, die anderen Mädchen im Fußballteam bestimmt nicht. Sie fragt sich, was für einen Sinn es hat, hier drinnen hocken zu bleiben, ihr knurrt der Magen, sie hat Kopfschmerzen vor lauter Hunger und Anstrengung, hier ist es dunkel und eng, und Luft kriegt sie auch keine, aber sie war immer schon starrköpfig wie ein Esel. Was würde es bringen, jetzt aus ihrem Versteck zu kommen? Sie will den anderen eine ordentliche Lektion erteilen. So rutscht sie noch tiefer, schließt die Augen und schlummert ein.

Minnie war noch nie in Philadelphia, in dieser unbekannten Stadt, die sie nur von Werbeanzeigen und Artikeln in Zeitungen und Illustrierten kennt. Als Basils alter Kombi ostwärts in die Washington Lane biegt und dann zum Sportplatz des Roosevelt-Gymnasiums fährt, wird Minnie klar, dass Philadelphia sich nicht groß von Camden unterscheidet, nur die Größenverhältnisse sind anders, es gibt mehr und höhere Häuser, und die Straßen sind breiter und sauberer. Während sie diese Erkenntnisse durch das Seitenfenster aufsaugt, sucht sie nach jemandem, der ihr Vater sein könnte, in jedem dunkelhäutigen Mann mittleren Alters sucht sie nach sich selbst. Sie presst die Handflächen an die Scheibe und starrt auf die Straßen und Häuser, um die einzigartige Gelegenheit zu nutzen, die sich ihr bietet, als Basil langsam und vorsichtig weiterfährt. Das Roosevelt-Gymnasium ist geschlossen, nirgends ein Lichtschein, der Wachmann am Eingang mustert Letos Foto und schüttelt den Kopf. Susan hat die Scheibe heruntergekurbelt und streckt den Kopf hinaus, immer wieder fordert sie Basil auf zu bremsen, aber noch langsamer kann er kaum fahren. Alle drei im Wagen sind wie elektrisiert von der unmerklichen Spannung und hängen, jeder für sich, aus drei unterschiedlichen Fenstern wie abgeschnittene Marionetten. Gleich ist es Morgen, und das Benzin ist auch bald alle. Basil Kambanis füllt den Tank bei der durchgehend geöffneten Exxon-Tankstelle und bezahlt mit Kreditkarte, während Susan auf die Toilette geht und Minnie einen Obdachlosen beobachtet, der ihr Vater sein könnte. Sie findet, dass er ihr ähnlich sieht, ist sich aber nicht sicher. Sie will schon aussteigen und fragen, wie er heißt und ob er sich an sie erinnert, aber sie hat Angst. Außerdem ist sie sich doch nicht ganz sicher wegen der Ähnlichkeit, eigentlich überhaupt nicht, jetzt, da sie ihn genauer mustert und ihr die feinen Schrammen in seinem Gesicht auffallen, das gestockte Blut am Kinn und seine zerrissene, schmutzige Jacke. Bevor sie sich entscheiden kann, was sie weiter tun will, öffnet Susan den Wagenschlag und setzt sich auf den Beifahrersitz. Basil gibt Gas, sie schlagen den Rückweg nach Camden ein und fahren geradewegs zum Polizeirevier.

Im Vorraum der Polizeiwache von Marlton tigert Pete auf und ab, seine Hände stecken auf seinem Rücken in Handschellen, aber das kratzt ihn wenig, auch nicht sein lädierter Unterkiefer und die von den Schlagstöcken und Fußtritten der Polizisten gebrochenen Rippen. Eine Sache treibt ihn zum Wahnsinn, eines brennt ihm auf der Seele und eines will er wissen wie sonst nichts auf der Welt: Welches Arschloch hat ihn verpfiffen? Es ist ja nicht so, dass man ihn bloß mit irgendeinem geklauten Auto oder mit frischer Hehlerware erwischt hätte. Heute Abend fand in Gateway die Aufteilung der Drogenware statt, wo er seinen Anteil an Crack und Heroin bekam, das er pushen sollte, drei Kilo insgesamt, für fünfzehn Prozent Provision vom Verkaufspreis. Es sollte seine letzte Tour als Straßendealer sein, danach hätte er die Chance bekommen, seine eigene Truppe zusammenzustellen, wäre zum Prinzen aufgestiegen und in den nächsten fünf Jahren noch eine Stufe höher zum Drogenkönig und zum vollwertigen Mitglied der »Benzos« mit eigener Schutztruppe und eigener, ihm unterstellter Gang. Vorausgesetzt, heute Abend wäre ein voller Erfolg geworden, dann wäre alles wie von selbst gegangen, Mädchen, Geld, Autos, er hätte es sich so gutgehen lassen können wie der Dicke, der Bürgermeister und der Weiberheld. Die nerven ihn gewaltig, weil sie ihm völlig sinnlose Aufgaben stellen, und dabei wissen sie, dass er zu den Schulen den besten Draht hat, um Gras zu verscherbeln. Wozu geben sie ihm dann Heroin, wem soll er das verkaufen? Nur völlig fertige Typen, die man an den Fingern einer Hand abzählen kann, setzen sich mit zwölf oder dreizehn den Schuss, mit Crack geht es noch, da wird man in den Pausen und im Schulhof ein bisschen was los. Er fühlt sich wie ein Tiger im Käfig, stöhnend und knurrend ist er zu Boden gesunken. Wie konnte er nur so dumm sein? »Verfickt und verhurt noch mal!« Sie haben ihn geschnappt und ihm seinen Anteil und die frische Provision abgenommen. Er hat es verschissen, aus der Traum vom schönen Leben, und er war so nah dran! Aus der Gang haben sie nur ihn aufgegriffen und keinen der Muttersöhnchen, nirgends sonst haben sie zugeschlagen, bei keinem anderen, es war ein abgekartetes Spiel, ganz klar, diese Schwuchteln! Dem Knast entgeht er nicht, aber die anderen wird er sich noch vorknöpfen, die kriegen es mit ihm zu tun. Schlimmstenfalls landet er im Jugendknast außerhalb von Camden, scheiß drauf, und kriegt höchstens zwei Jahre Bau, aber irgendwann kommt er wieder raus und schlägt ihnen alles kurz und klein. Der Bulle, der ihn geschnappt und ihm mit dem Schlagstock nur einen, aber dafür schlimmen Hieb auf den Unterkiefer verpasst hat, scheucht ihn mit einem Fußtritt hoch und führt ihn in den weißen, vier Quadratmeter kleinen Verhörraum. In der Zwischenzeit zeigen Basil und Susan ihre minderjährige Tochter Leto Kambanis als vermisst an, und Minnie ergänzt ihre Aussage mit dem, was sie weiß oder sich ausdenkt, weil sie die Letzte ist, die Leto gesehen hat. Der Revierleiter der Frühschicht fragt sie, ob ihr in der vergangenen Woche irgendetwas Ungewöhnliches aufgefallen sei, ob sie im Viertel irgendetwas Verdächtiges bemerkt oder ob Leto etwas Sonderbares geäußert habe, und Minnie nickt: »Ja, sicher.« Die alte Mrs. Melrose im Nebenhaus habe immer noch die Weihnachtsbeleuchtung im Wohnzimmer an und rede mit ihren Katzen, als seien es ihre Söhne John und Michael, die in den vietnamesischen Reisfeldern verschollen sind. Leto habe ihr Panini-Stickeralbum verkauft, um Geld für ihre Griechenlandreise zusammenzukratzen. Beim Erzählen schlägt Minnie die Beine übereinander und fragt, ob sie zur Toilette gehen könne, sie müsse ganz dringend. Obwohl der Revierleiter zur Tür weist und ihr zweimal hintereinander erklärt, erst geradeaus, dann rechts und dann die letzte Tür links, kommt Minnie durcheinander, sie vertut sich und geht statt nach rechts nach links. Als sie die letzte Tür auf der linken Seite mit dem im Schloss steckenden Schlüssel öffnet, steht sie ihrem Bruder Pete gegenüber. Seine Hände sind mit Handschellen auf den Rücken gebunden, sein zertrümmerter Unterkiefer hängt ganz schief, und das einzige, was ihr vor lauter Schreck und Verwirrung über die Lippen kommt, ist: »Pete, die Mama…«. Sie presst es mühsam hervor und breitet die Arme aus, um ihn zu umarmen. Sie hat ihn vermisst, sie vermisst alle, ihre Mama, ihren Papa, den sie nie kennengelernt hat und an den sie sich nicht erinnert, und auch ihren Bruder Pete. Aber für ihn ist sie ein rotes Tuch, er stürzt sich auf sie und schleudert sie mit voller Wucht gegen die Stahltür wie ein Stier. Minnie taumelt und fällt auf die Knie, wutentbrannt tritt er ihr in die Rippen und in den Unterleib. Minnie krümmt sich wie ein wirbelloser Wurm, rutscht auf dem Boden hin und her, um ihm auszuweichen und hinterlässt dabei ein gelbes Rinnsal. Schließlich rappelt sie sich auf und humpelt zitternd hinaus, die Tür hinter ihr bleibt halboffen stehen, aber sie wünscht sich, und zwar so sehr, wie sonst nichts auf der Welt, sie könnte sie für immer hinter sich schließen.

XVI

(Sag mir, Mutter, war ich nicht treu nach deiner Vorstellung?
Habe ich nicht mein Leben lang dich und das Deine mir vor Augen gehalten?)

Walt Whitman, Am Ufer des blauen Ontario

Rallou Kambanis lag im West-Jersey-Krankenhaus bewegungslos im Bett, Oberschwester Hočevar wechselte den Verband und versorgte mit Hilfe der Stationsschwester die Wunden, die in ein, höchstens zwei Wochen verheilt sein würden. Ihr Zustand war stabil, sie war bei Bewusstsein, sprach jedoch kein einziges Wort. Der behandelnde Neurochirurg schrieb es dem Unfallschock zu, es sei nur eine Frage der Zeit, bis sie wieder sprechen könne. Mit der Beweglichkeit von Armen und Beinen sehe es anders aus, der Aufprall auf den Nacken habe zu einer vollständigen und irreversiblen Lähmung geführt. Sie hätten es ihr aber noch nicht gesagt, in ihrem derzeitigen Zustand habe das wenig Sinn. Als sie vor zwei Tagen ins Krankenhaus eingeliefert wurde, hatte der Arzt ihren Mann beiseite genommen, das arme Würstchen, das mitten auf hoher See von einem Unwetter überrascht wurde, in seinem altmodischen Dreiteiler antanzte und sich an sein holpriges Englisch mit der schlechten Aussprache klammerte wie ein Ertrinkender. Er teilte ihm mit, es gebe keine Hoffnung, dass seine Frau je wieder gehen könne, sie müssten ihr Leben an die neuen Umstände und Anforderungen anpassen. Bevor er das Krankenzimmer verließ, bat er Oberschwester Hočevar, es Mr. Kambanis genauer zu erklären, und Mrs. Hočevar blickte Antonis, der einst Nontas hieß, direkt in die Augen und erkannte dort Furcht, Verzweiflung und Panik. Da verzieh sie ihm den Verrat an Constanza Mecca, nahm seinen Arm und erläuterte ihm auf dem langen, ungastlichen Korridor, wie sein Leben von nun an aussehen würde. Antonis Kambanis drehte den Hut in der Hand nervös hin und her und fiel ihr ins Wort, er hob den Blick und versuchte, in ihrem Gesicht einen heimlichen Wink zu entdecken, ein Flattern der Augenlider, um seine Zweifel zu bestätigen und seinen Widerspruchsgeist anzustacheln. Es geschähen doch auch Wunder, selbst die Wissenschaft schlösse das nicht aus, die Dinge könnten sich von einem Moment auf den anderen ändern, ihr Leben mit einem Schlag wieder ganz anders aussehen, nichts auf der Welt sei vergeblich, auch keine Hoffnung.

Aber bald schon stellte sich heraus, dass ihre Hoffnung vergeblich war. Rallou konnte allein Augen und Mund bewegen, allein die Stimme konnte sie erheben, allein ihre Sehnsüchte konnte sie bittend ausstrecken wie Hände, allein ihre Gedanken rasten dahin, als hätten sie Beine. Wenn ihre Stimmung ganz unten war, dann verstummte sie, wartete auf einen Tropfen Alkohol und sagte erst nach Stunden wieder ein Wort. Man hatte ihr den Alkoholkonsum eingeschränkt, eigentlich ganz verboten, und nur wenn sie wegen angeblich schrecklicher Schmerzen in Armen und Beinen unartikuliert zu schreien begann, gab Antonis Kambanis ihr ein paar Schluck. Er hatte dem jungen Basil aufgetragen, ihr kleine Mengen Wein oder Ouzo, die im Küchenschrank standen, einzuflößen. Er sorgte dafür, dass immer etwas zu trinken im Haus war, das war das Beruhigungsmittel, das war das Lebenselixier seiner Frau, und Rallou wurde still wie ein Baby in der Wiege. Wenn sie aus der süßen Schläfrigkeit des Alkohols erwachte, verfiel sie in ein langgezogenes, unheimliches Geheul, in eine wahre Totenklage, stundenlang, bis zum Abend, bis ihr Mann nach Hause kam. Dann schrie sie, er solle sie umbringen und von ihrem täglichen, unerträglichen Leiden erlösen. Basil hielt es nicht mehr aus und wünschte ihr von Herzen, sie möge im Schlaf sterben. Erst mit sechs Jahren konnte er aufatmen, am ersten Schultag fiel eine Last von seinen Schultern, ein schwarzer Schatten wich von ihm. Nur sprach sich in der Schule schnell die Situation zuhause herum, und mit einem Schlag war er die Witzfigur der Klasse, der Sohn der körperlich und geistig behinderten Alkoholikerin. Man zeigte mit dem Finger auf ihn, nirgends fand er mehr Ruhe von den Quälereien. Nicht nur zu Hause, auch in der Schule musste er sein Kreuz tragen. Zu dieser Zeit wurde er zum lieben Jesuskind und ertrug alle Widrigkeiten und Hänseleien, alle Schimpfwörter und Drohungen, weil er hoffte, sich eines Tages in einen Superhelden zu verwandeln, dessen übernatürliche, rächende Kräfte irgendwann anerkannt würden. So ertrug er das Geschrei und die ordinären Schimpfworte seiner bettlägerigen Mutter, wenn sie nach Wasser oder dem Urinal rief oder wenn sie gekämmt, gewaschen oder sauber gemacht werden wollte, und er nahm hin, dass sein Vater, der sich zu Hause immer weniger blicken ließ, ihm die ganze Hausarbeit und sogar das Kochen aufhalste. Im Haus sollte es sauber und ordentlich sein und auf dem Tisch immer ein Teller dampfendes Essen stehen. Ihre ganze Kraft und ihre ganze Würde lag in diesem Teller guten, warmen, althergebrachten griechischen Essens.

Der Weltkrieg verlief nach Wunsch und alles deutete darauf hin, dass der Sieg der Alliierten nur noch eine Frage von Monaten oder, den größten Optimisten nach, von Wochen war. Wenn Antonis Kambanis abends von der Arbeit nach Hause kam, las er auf Anraten des Arztes seiner Frau aus dem »Nationalen Boten«, der Zeitung der Auslandsgriechen, vor. Man hatte ihm empfohlen, mit ihr über positive und vertraute Dinge zu sprechen. Wenn ihm das Blättchen der griechischen Gemeinde in die Hände fiel, las er ihr die Gesellschaftsnachrichten vor, die Heirats- und Taufanzeigen und die Geschäftseröffnungen. Wenn die erfreulichen Nachrichten zu Ende waren, ging er zu den Siegen der Alliierten und zum Politikteil über, der Griechenland und dadurch sie selbst betraf. So geschah es auch am 26. September 1944, als Griechenland von der deutschen Besatzung befreit und – unter Aufsicht des britischen Nahostkommandos unter General Scobie in Salerno – das Caserta-Abkommen zwischen der griechischen Exilregierung und den Anführern der beiden Widerstandsorganisationen geschlossen wurde, zwischen *EAM*, der kommunistischen Nationalen Befreiungsfront, und EDES, der rechtskonservativen Nationalen Demokratischen Liga. Dadurch war der gesamte griechische Widerstand ab sofort der griechischen Exilregierung unterstellt, die ihrerseits General Ronald Scobie an der Spitze der britischen Befreiungstruppen unterstand.

Als Kambanis die Zeitung auf die Knie sinken lässt, ermüdet von all den Abkürzungen, Namen und Informationen, die gnadenlos auf ihn einprasseln, ruft Rallou ihn zu sich und bittet ihn, sie hochzuheben und in den Rollstuhl zu setzen. Aber Kambanis zögert, es ist mitten in der Nacht, schon nach zwei, und der Junge schläft friedlich, doch seine Frau beharrt darauf, sie will nach draußen an die frische Luft. Kambanis steht stumm und reglos da, während Rallou vergeblich versucht, ihr Becken hochzustemmen und Schwung zu holen, um sich auf die Seite zu drehen und zum Rand des Diwans zu rollen. Da erhebt sich Kambanis so langsam, als hätte er alle Zeit der Welt, geht vor ihr in die Knie und nimmt sie vorsichtig auf seine Arme, kaum fünfzig Kilo sind übrig von ihr. Er setzt sie in den Rollstuhl und öffnet die Haustür, draußen steht die Mondsichel senkrecht am Nachthimmel, und als die Rädchen über den Asphalt rollen und das Ehepaar an der dünnen, weißen Trennlinie in der Straßenmitte entlangbalanciert, ähnelt es zwei feindlichen Armeen, die einander zur Rechtfertigung brauchen. Als sie in der stummen, stickigen Nacht um den Häuserblock kreisen, fragt Rallou unvermittelt, ob ein Mann, der Scobie heißt, vertrauenerweckend sein kann. Was sei das überhaupt für ein Name? Ihre interessierte Verwunderung ist echt. Antonis Kambanis gibt keine Antwort, weil er dazu keine Meinung hat. Ihm ist die Frage, was der Name Scobie bedeuten könnte, überhaupt nicht in den Sinn gekommen, und letztendlich ist es ihm auch egal. Obwohl von einem Mann, dessen Name »dornig« bedeutet und auf ein ausgestorbenes, von der Landkarte verschwundenes Dorf und auf einen schottischen, für immer verlorenen Ort zurückgeht, in der Tat nichts Gutes kommen konnte.

Es bürgerte sich langsam ein, dass sie an manchen Abenden, an denen es weder regnete noch fror, den Jungen zu Bett brachten und spät nachts mit dem Rollstuhl um den Häuserblock spazierten. Wenn es tagsüber schön war, stellte er Stühle vor die Tür und sie saßen zusammen in der Sonne. Einmal, es war ein lauer Oktoberabend im Altweibersommer und Kambanis guter Stimmung, gingen sie bis zum Fluss hinunter, betrachteten eine Weile die kristallklare Horizontlinie Philadelphias und schlugen dann schweigend den Rückweg ein. Er liebte sie für ihr Unglück, und seine Anteilnahme und Schuldgefühle und die Jahre, die ins Land gegangen waren, hatten ihn milde gestimmt. Auf dem frühzeitig gealterten, runzligen Gesicht der sieben, vielleicht acht Jahre älteren Rallou sah er das Unglück und die Verzweiflung seiner Mutter, die er vor fünfundzwanzig Jahren in Rallous Alter dem Hunger und der Armut, der Gnade von Verwandten und der Güte von Fremden überlassen hatte. Je länger er über die Vergangenheit nachdachte, umso mehr schwor er sich, bis zum Schluss bei Rallou auszuharren. Alle paar Tage schob er den Rollstuhl über Bürgersteige und Straßen, Hügel auf und Hügel ab, und an den Sonntagen machte er sich am späten Vormittag, noch bevor die Straßen von fröhlichen, lärmigen Familien bevölkert waren, mit Sohn, Frau und Rollstuhl auf den Weg zur griechischen Konditorei »Omonia« und bestellte ein Erfrischungsgetränk, eine Sirupsüßigkeit oder eine Eiswaffel.

Es war Anfang November 1944. Franklin Delano Roosevelt gewann zum vierten Mal die Wahlen, zusammen mit seinem Vizepräsidenten Harry Truman. Basil Kambanis trug seine erste Narbe davon, nachdem ihn der Stein eines bulligen, rauflustigen Mitschülers am Kopf getroffen hatte und die Wunde genäht werden musste. Und Antonis Kambanis stellte einen Armenier für das Geschäft in Parkside ein. Er konnte die Filialen nicht mehr allein betreuen, er brauchte Hilfe bei den Bestellungen und den Lieferungen. Arsen war ein höflicher, umgänglicher und vertrauenswürdiger Mensch, der nicht moserte und sein bisschen Lohn nicht in Kaffeehäusern oder Tavernen verprasste. Stattdessen sparte er auf seinen eigenen Laden, den er über kurz oder lang eröffnen würde. So hatte Antonis Kambanis mehr Zeit und wollte sie dafür nutzen, seinem Sohn das Tagesgeschäft nahezubringen und ihm Unternehmergeist einzuflößen. Er sah, dass er sich Tag und Nacht mit Büchern beschäftigte, und er war sicher, dass sein Sohn nichts davon begriff und ihm etwas vorlog, wenn er behauptete, er habe eine Neigung fürs Künstlerische, fürs Zeichnen und Schreiben. Antonis Kambanis traute der jungen irischen Lehrerin nicht über den Weg, die dem Jungen mit Fantasiegeschichten über edle Wilde, Piraten und arme verfolgte Revoluzzer, deren Abenteuer mal gut, mal schlecht ausgingen, den Kopf verdrehte. Zu allem Unglück war Basil Kambanis auch noch Linkshänder, an sich schon ein schlechtes Omen in Zeiten, da die Russen ihre imperialistischen Ansprüche gegen den Westen richteten und die US-amerikanischen Kommunisten die Rechte der Arbeiter verteidigten, die Stimmung anheizten und Gewerkschaften und Vereine aufhetzten. Arsen hatte ihm zugesteckt, dass das FBI die Russen und die in der Wolle gefärbten Roten nicht mochte und sie geheime Namenslisten von Streikenden und Aufrührern anlegten. Antonis Kambanis, der Listen und Geheimdossiers fürchtete, reagierte darauf und zwang Basil, den Stift mit der rechten Hand zu führen, und wenn der Kleine es vergaß und sich mit der Linken bekreuzigte, gab ihm Antonis einen Klaps mit dem ewig feuchten Kochlöffel, der zur Abschreckung auf dem Küchentisch lag. Als er merkte, dass auch der »Nationale Bote« nach links geschwenkt war, kündigte er das Abonnement und kaufte nur noch die Zeitung »Atlantis«, in der die Heldentaten des befreiten Griechenlands besungen, die britische, alliierte Garantiemacht als Befreier gerühmt und die Rückkehr von König Georg II. gefordert wurde. Antonis Kambanis wollte einfach keine Schwierigkeiten mehr mit dem FBI, er wollte auf der Seite der Ordnungsmacht stehen, auf der Seite des Stärkeren und derjenigen, die an der Macht waren, sei es in Griechenland oder in den USA.

Der Krieg war vorbei, in Reims wurde die bedingungslose Kapitulation Deutschlands unterzeichnet, und die Vereinigung der Dodekanes-Inseln, darunter auch Nisyros, mit dem übrigen Griechenland war nur noch eine Frage der Zeit. Im allgemeinen Freudentaumel ließ sich Antonis Kambanis zu dem Versprechen hinreißen, mit Gottes Hilfe zusammen mit seinem Sohn den Atlantik zu überqueren. Er hoffte wirklich, sie würden es schaffen, und sei es nur ein einziges Mal. Er wollte, dass sein Sohn das Land sah, in dem sein Vater geboren und aufgewachsen war. Er hatte sich geschworen, das Grab seiner Mutter Fotinoula zu besuchen. Manchmal hörte er im Traum, wie sie sich im Grab umdrehte und seufzte, weil das Öl niedergebrannt und das Grablicht erloschen war.

Zur Reise nach Nisyros kam es nie, von dem Geld, das die einwöchige Überfahrt nach Griechenland gekostet hätte, konnte die ganze Familie locker zwei Monate leben. Antonis Kambanis war kein Geizkragen, aber der Umsatz war zurückgegangen, weil sich die Wirtschaft stabilisiert hatte. Alle wollten nagelneue Schuhe und Kleider, die alten waren nur noch Überbleibsel aus einer Zeit von Wirtschaftsflaute, Kämpfen und Entbehrungen, die man hinter sich lassen wollte. Dazu kamen die verteufelten Maschinen, die alles im Handumdrehen produzierten, und auch noch zum halben Preis. Antonis sah jedes Mal, wenn er Kassensturz machte, dass die Einnahmen wieder gesunken waren. Seiner Berechnung nach war der monatliche Umsatz um zwanzig bis fünfundzwanzig Prozent zurückgegangen, aber er hatte seinem einzigen Sohn eine Reise versprochen, und er wollte sein Wort nicht brechen. So mieteten sie im Juli 1946 einen verbeulten Automatik-Sedan und fuhren hinunter nach Tampas, Florida, nahmen sich ein Zweitbettzimmer in einem Motel, fünf Kilometer vom Strand entfernt. Sie machten Spritztouren, gingen schwimmen und lagen in der Sonne, und da in dieser Woche Arsen auf beide Schusterläden aufpasste und zu Hause nach Rallou sah, war der Ferienalltag bis zu ihrer Rückkehr in ein Licht getaucht, so rosarot wie Flusskrebse und Hummer. Ihr einziges Gesprächsthema war, was sie essen würden und was sie sich anschauen wollten, ob das Wasser warm, die Stühle bequem oder das Bett weich genug waren. Als sie in den Sedan stiegen und ihr Gepäck und die Schmutzwäsche in den Kofferraum packten, umklammerte Antonis Kambanis das Steuer und presste die Lippen aufeinander. Ihn störte der Sonnenbrand auf seinen Schultern, die abblätternde Haut am Rücken und an den Armen. Es erschien ihm wie ein schuldhafter, beschämender Beweis für den faulen Kompromiss, die eigentliche Reise aufzuschieben. Als sie Washington passiert hatten und nur noch drei Fahrtstunden von Camden entfernt waren, hielt er den Wagen auf dem Pannenstreifen an, holte die Schmutzwäsche hervor, zog sein kurzärmeliges Hemd aus und ein langärmeliges, zerknittertes und fleckiges Hemd an. Als sie Camden erreichten und der Sedan vor der billigen Autovermietung anhielt, rief er Basil zu sich nach vorn auf den Beifahrersitz und ließ ihn Stein und Bein schwören, mit der Hand auf dem Herzen und bei seinem geliebten Jesus Christus, dass er, egal, was passiere, und egal, wie schwierig es sei, eines Tages nach Griechenland zurückkehren und das Grab seiner Großmutter besuchen würde, seinem Vater zuliebe, Antonis Kambanis, Sohn des Vassilis. Der hatte es immer vorgehabt, doch es war ihm nicht gelungen, weil er sich nicht traute.

XVII

Ausziehen
der schusssicheren Weste:
Hitze

Nick Virgilio

Leto hat das Versteckspiel im Metallschrank satt, hier findet sie doch keiner. Der Rücken tut ihr weh, sie ist müde, ihr Körper ist steif wie ein Brett und die Beine sind bleischwer und so angespannt wie eine Kneifzange. Sie reckt den Kopf in die Höhe, klettert aus der Matratzenrolle und drückt die Metalltür auf, endlich Frischluft – herrlich! In der Küche macht sie Frühstück, isst mit großem Appetit und blättert durch den Sportteil der Zeitung von vorgestern. Dann zieht sie den Trainingsanzug an, legt die Schulsachen zurecht und wartet still und geduldig auf die Rückkehr der Eltern. Es ist inzwischen sieben Uhr morgens, und wenn sie noch später kommen, verpasst sie die erste Stunde. Nicht, dass sie das groß kümmern würde, aber sie ahnt, ja, eigentlich ist sie sicher, dass sie zunächst besser auf die Wünsche der Eltern eingeht. In diesem Moment dreht sich der Schlüssel im Schloss, die Tür geht auf, und Susan, Basil und Minnie kommen herein. Ihr Blick fällt auf Leto, die sich mit der Schultasche auf dem Rücken die Schnürsenkel bindet. Einen kurzen Augenblick lang, sechs bis zehn Sekunden höchstens, sagt keiner etwas, dann stürzt sich Susan wie eine Furie auf Leto und versetzt ihr in blinder Wut Schläge auf Rücken und Kopf und ins Gesicht. Basil schnellt nach vorn, reißt Susan zurück und versetzt ihr eine Ohrfeige. Leto wehrt sich nicht, sie verharrt an derselben Stelle und bindet ihre Schnürsenkel, oder eigentlich löst sie die Schleife, um sie erneut zu binden, da sie locker und ungleich geraten ist. Sie wollte eine straffe, gutsitzende und vollkommen symmetrische Schleife binden, aber ihre Hände zittern und ihre Finger rutschen ab, versagen ihr höhnisch den Dienst, und Minnie, die von Knoten etwas versteht, nicht zuletzt von gordischen, geht zu ihrer Freundin, kniet sich neben sie hin und zieht die Schuhbänder stramm, damit sie sich nicht lösen, Leto stolpert und hinfällt. Leto, der »Danke« immer schon schwergefallen ist, als würde ihr das Wort im Hals steckenbleiben, bricht in Tränen aus. Der Knoten löst sich und endlose Schluchzer, mühsam hervorgepresste »Danke« und gestammelte Entschuldigungen quellen hervor.

Basil Kambanis und Susan Miller führen unter dem alten Maulbeerbaum eine hitzige Debatte. Basil läuft etliche Meter hin und her, sein Mund steht nicht still, auch seine gestikulierenden Hände nicht. Aber nichts von dem, was er sagt, interessiert Susan, ungerührt blickt sie ihn an, mit kühlem Blick, die Arme vor der Brust verschränkt. Dann geht sie schlagartig zum Gegenangriff über. Was solle sie denn in Griechenland? Er sei verrückt, ihr Leben sei hier, ihr eigenes und das ihrer Tochter, sie werde nicht zulassen, dass er sie mitnimmt, das könne er vergessen, das solle er sich aus dem Kopf schlagen. Es sei nicht entscheidend, was Leto will und was sie ihm erzählt, sie sei erst dreizehn. Es seien doch seine Eltern gewesen, die auf der Suche nach einem besseren Leben von Griechenland nach Amerika auswanderten! Was wolle er mit einer Rückkehr denn beweisen? Er habe kein Recht, ihr vorzuschreiben, was sie tun und wie sie ihr Kind großziehen solle, es sei ihr Kind, bitteschön. Was habe er denn aus seinem Leben gemacht? Absolut nichts, abgesehen davon, dass er ihre Tochter zu seinem Ebenbild gemacht habe, zu einem Sturkopf und zu einer Egoistin. Wenn er wolle, dass sie, Susan, jetzt wieder einmal die Rolle der Bösen spiele, könne er das haben, und er könne sicher sein, dass der Tag komme, da Leto ihr dankbar sein würde. Basil steht gebückt, die Hände in die Hosentaschen vergraben, und wendet den Blick hinüber zum großen Küchenfenster. Dahinter steht Leto kerzengerade, wie ein unparteiischer Richter, die Schultasche über die Schulter geworfen. Basil schüttelt den Kopf, als könne er eine Alternative vorschlagen, geht auf Susan zu und fasst sie an der Schulter. Sie sollten für ein paar Wochen, oder sei es nur für ein paar Tage, einen Waffenstillstand schließen, bis das Haus verkauft sei, die Sachen gepackt, die noch offenen Rechnungen und Fragen, die Finanzen und die Scheidung geregelt. Wer weiß, vielleicht sehe die Sache dann ganz anders aus, vielleicht werde dann alles wieder gut, ja, besser als zuvor; in Krisensituationen beweise sich die enge Verbundenheit von Paaren und das unzerstörbare Band der Familie. Susan lächelt nicht wirklich, sie zeigt nur die Zähne und tätschelt ihm freundschaftlich und ein wenig abschätzig den Rücken. Ausgeschlossen, sie habe sich alles gut überlegt, Leto werde mit ihr nach Vermont gehen, sie würden eine kleine Wohnung in Jericho mieten, eine alte Freundin habe ihr dort einen anständigen Job im Snowflake-Bentley-Museum besorgt. Sie werde Leto in einer guten, erschwinglichen Schule anmelden, vielleicht auch in einem Internat, und langsam würden sie ihr Leben ganz neu einrichten, ohne ihn. »Hast du verstanden?« Sie beide ganz allein.

Basil betritt mit hängendem Kopf den großen Supermarkt in Cramer Hill. Susan hasst Einkaufen und kommt niemals mit, es ist seine Aufgabe, Vorratsschränke und Kühlschrank für die ganze Woche zu füllen. Leto, die manchmal mitkommt, hat Halsschmerzen und erhöhte Temperatur, und Susan, die nicht will, dass Leto Fehlstunden ansammelt und noch mehr Unterricht versäumt, hat ihrer Tochter Hausarrest erteilt. So begleitet ihn Minnie, da Susan ein wenig für sich bleiben wollte, weg von allem und jedem. Eigentlich wäre Basil auch lieber allein gegangen, doch Susan hat es Minnie schon vorgeschlagen, die im Handumdrehen bereitsteht. Sie liebt Supermärkte, stundenlang streiften sie und ihre Mutter Luisa früher zwischen den Regalen herum und begutachteten und verglichen die Preise. Die langen Einkaufslisten, die sie vorbereitet hatten, vergaßen sie jedes Mal zu Hause und füllten stattdessen den Einkaufswagen mit günstigen Familienpackungen zum Sparpreis. Minnie hält sich dicht hinter Basil, mustert die Regale und die nagelneuen, bunten Produkte. Sie ist beeindruckt, wie anders, wie viel sauberer und größer der Supermarkt in Cramer Hill ist, der »Mamacita« in Centerville, geführt von einem mittelalten Puerto-Ricaner mit Bierbauch und seiner unüberhörbaren Frau, war klein, dunkel und schmuddelig und hatte viel weniger Auswahl. Während Minnie ganz versunken umherwandert und mit den Fingerspitzen Regale und Packungen berührt, geht Basil vorneweg. Zerstreut wie immer und ganz in Gedanken, biegt er um die Ecke und verschwindet aus ihrem Blickfeld, und von einem Moment auf den anderen steht Minnie ganz allein auf der Welt da. Panik erfasst sie, sie ist zutiefst verunsichert, ihr Herz pocht, es flattert so heftig, als wolle es wegfliegen. Eine einzige Zehn-Cent-Münze hat sie in der Jackentasche, das ist alles, was vom letzten Taschengeld ihrer Mutter übrig ist. Dieser Zehner ist ihr Glücksbringer, und jedes Mal, wenn sie sich schlecht und traurig fühlt, lässt sie ihn durch die Finger gleiten und fasst wieder Mut. Auf der Suche nach Basil wandert sie immer schneller von Regal zu Regal und von Korridor zu Korridor, trifft aber nur auf einen sehr großen Mann, einen anderen mit weißem Bart und eine elegant gekleidete Dame. Alle treten zur Seite und lassen sie vorbei, atemlos läuft sie von Regal zu Regal und von Korridor zu Korridor, Basil muss irgendwo dort vorne sein, drei, vier Korridore rechts und dann wieder links, versunken in seine schwarzen, ausweglosen Gedanken. Minnie sieht ihn von weitem, sie erkennt die schwermütige Gestalt und die dunkle Jacke mit dem verblichenen Kragen und den abgewetzten Ellenbogen. Aufatmend läuft sie auf ihn zu, packt ihn am Ärmel und fühlt so viel Glück auf einmal, dass ihr die Tränen kommen.

Susan deckt die zitternde Leto, die immer noch erhöhte Temperatur hat, mit einer Wolldecke zu, sie setzt sich neben sie, nimmt ihre Hand und erklärt ihr sanft, dass Griechenland ein ferner und ungastlicher Ort sei, der nicht zu ihnen passe, es wäre schade, ihrer beider Zukunft zu ruinieren durch den starrsinnigen, überbordenden Optimismus der Jugend. Sie fragt ihre Tochter, ob ihr klar sei, wie oft sie selbst ihr abgebrochenes Studium bereut habe. Sie habe damals geglaubt, ihr ganzes Leben liege noch vor ihr und sie könne sich einfach nicht irren. Sie sei ihrem Instinkt gefolgt, nur eben in die falsche Richtung. Immer schon sei sie irgendwelchen Männern und Ideen hinterhergelaufen, aber diesmal werde sie nicht wieder denselben Fehler begehen, diesmal werde sie bleiben und sich der Situation stellen, am Anfang sei das vielleicht schwierig, aber dann werde alles gut. »Gehen wir weg aus Camden?«, fragt Leto, was Susan bejaht. »Wo gehen wir hin?«, will Leto wissen. »Nach Vermont«, antwortet Susan. »Ohne die 68 als zweiten Vornamen?«, fragt Leto trotzig, und Susan nickt zustimmend. »Schwör's!« Leto lässt nicht locker, und Susan schwört es ihr. »Ich muss mich dafür entschuldigen, es war ein Fehler, ich geb's zu.« Es folgt eine längere Pause, die Kräfte werden neu verteilt. Auf der Waagschale liegt die Entscheidung, was wegkommt und was bleibt. Leto betrachtet ihre schmutzigen Fingernägel und stellt eine letzte Frage: »Kommt Minnie mit nach Vermont?« Sie weiß nicht, ob sie will, dass ihre neue Freundin mitkommt. Ja und nein, eher nein, mit Sicherheit nein! Sie will sie nicht dabeihaben. Susan umfasst die Hände ihrer Tochter und sagt ihr, was sie im Grunde mehr als alles andere hören will: »Nein, Minnie bleibt hier, sie wird eine andere Familie finden.«

Eigentlich wollte Basil direkt nach Hause fahren, die Hälfte der Einkäufe im Kofferraum gehört in den Kühlschrank oder in die Tiefkühltruhe. Aber heute ist der erste März, woran ihn die Stimme im Autoradio gerade wieder erinnert, ein Poet mit dem Pseudonym »Nickaphonic Nick« liest ein seltsames Gedicht in der Sendung vor, es folgt formal strengen Regeln, man nennt es Haiku. Das merkt sich Basil, obwohl er von Lyrik keinen blassen Schimmer hat, Poesie war nie seine Stärke, er zieht eigentlich Taschenromane vor. Als er um die Ecke Mickle Boulevard und South 3rd Street biegt und am Stoppschild vor dem letzten Wohnsitz von Walt Whitman bremst, der kürzlich renoviert wurde und jetzt als Museum dient, und prüft, ob er freie Fahrt hat, ruft er sich die drei Haiku-Verse von Nick Virgilio zurück ins Gedächtnis: »Der blinde Bettler/sammelt in der Blechbüchse/eine Schneeflocke«. Basil stellt die Autoheizung an und macht, während sie durch den vereisten Autobahntunnel fahren, das Radio aus, der Empfang ist schlecht. Schließlich erreichen sie Fairview, mit Blick auf Newton Creek und Morgan Village, wo ein Schiffsfriedhof von Kadavern gestrandeter, verrosteter Wasserfahrzeuge liegt. Basil biegt in eine dunkle

Seitenstraße ein und parkt den Kombi vor dem schäbigen Altenheim »Hoffnung«. Minnie ist unschlüssig, ob sie ihm folgen soll, aber Basil bedeutet ihr, den Gurt zu lösen und auszusteigen, sie könne ruhig mitkommen. Minnie gehorcht, vielleicht, weil sie ihm vertraut. Die beiden gehen gemeinsam los, wünschen dem Wachmann der Nachtschicht einen guten Abend und treten fast gleichzeitig über die Schwelle zu dem grauen, dumpf erleuchteten Ort, der Hoffnung heißt.

XVIII

Groß ist das Leben, wirklich und mystisch, wo und wessen auch immer,
Groß ist der Tod – gewiß wie das Leben hält er alle Teile zusammen,
der Tod hält alle Teile zusammen.

Hat das Leben viel Sinn? – Ach, der Tod hat den größten Sinn.

Walt Whitman, Groß sind die Mythen

Im März 1949 wurde Antonis Kambanis fünfzig, und zum
ersten Mal nach Jahren wollte er zu Hause im Freundeskreis
Geburtstag feiern. Basil hatte aufgeräumt und nach dem Re-
zept seiner Mutter geschmortes Kalbfleisch mit Reisnudeln
im Ofen gemacht. Kurz vor neun kam Arsen mit der Nach-
speise, kurz nach neun läutete es an der Haustür, und die
Gäste aus dem Café »Niagara« trafen ein. Es waren Mikes,
der Besitzer, und Maro, seine übergewichtige Frau, Lakis
aus Volos und sein Busenfreund Makis aus Kozani, beide
gutaussehend, exquisit gekleidet und aus unerfindlichen
Gründen noch ledig. Gegen halb zehn kam mit Verspätung
auch Lenio, die levantinische Schneiderin, die gehört hatte,
dass zwei Junggesellen eingeladen waren. Deshalb brachte
sie eine gute Freundin mit, eine hübsche, kokette Frau aus
Smyrna mit ihrer kleinen Tochter. Tasoula war vor ewigen
Zeiten mit Rallou befreundet gewesen, aber dann vor zehn
Jahren von New Jersey nach New York gezogen, hatte dort
aber kein Bein auf die Erde gekriegt. Sie hatte ihre sieben
Sachen gepackt und war enttäuscht und reumütig nach
Camden zurückgekehrt. Es hatte sich herausgestellt, dass
Vrassidas, ihr damaliger Verlobter, längst verheiratet war,

sein Eheversprechen und die Aussicht auf ein schönes Leben und eine Tauffeier für das Baby waren null und nichtig. Arsen hob das Glas und brachte den ersten Toast aus auf das Glück und die Gesundheit des Geburtstagskindes, auf noch viele gute Jahre, möge Antonis Kambanis fröhliche Hundert werden, umringt von Enkelkindern, mindestens zwei an der Zahl. Rallou, die ihr Glas ja nicht heben konnte, hielt sich mit den ersten Schlucken zurück. Und das kam ihr ganz gelegen, denn sie genierte sich vor Tasoula aus Smyrna, heute Abend wollte und musste sie sich zurückhalten. Während die Gäste das Schmorgericht und den dazu passenden, süffigen Wein lobten, wartete Rallou, die in ihrem besten Kleid mit Jacke stocknüchtern und verloren in ihrem Rollstuhl saß, geduldig ab. Alles wirkte schön und festlich, und jeder kramte eine nette Bemerkung hervor. Rallou hingegen betrachtete die Dinge mit kühlem Verstand und sah die nackte Wahrheit, die Wände und die abgegriffenen Hängeschränke, von deren Kanten die Farbe abblätterte, Maros überschüssige Kilos, die sie stoisch unter einer übergroßen Bluse verbarg, die fehlenden und kaputten Zähne von Mikes, der selten lächelte und beim Sprechen immer die Hand vor den Mund hielt, das an den Wurzeln schütter werdende Haar der Frau aus Smyrna, das sie mühsam niederstriegelte, damit es ihr nicht kreuz und quer vom Kopf stand. Rallou beobachtete, wie sie in einem fort aß und den beiden ledigen, dunkelhaarigen Männern begehrliche Blicke zuwarf. Makis und Lakis blickten sich aus den Augenwinkeln bedeutungsvoll an, was Rallou gar nicht gefiel. Sie wusste nur zu gut, dass solche Schönlinge auf Kosten der Frauen den Don Juan und Casanova spielten und in kürzester Zeit miteinander fremdgingen. Schließlich wollte sie doch einen Schluck Wein und ihre Schlussfolgerung lautete: Die Welt war ohne Essen und Trinken, ohne Ausschweifungen und Selbstzerstörung immer und überall unerträglich. Nachdem sie für alle Bosheiten und Charakterfehler der Gäste eine Rechtfertigung gefunden hatte, trank sie ihren Wein mit dem Strohhalm, den man ihr reichte, in einem Zug aus und verlangte nach einem zweiten, dann nach einem dritten Glas. Alle und alles sollten zum Teufel gehen! Wie lange hatte sie noch zu leben? Alle steckten sie bis zum Hals in derselben Scheiße, und genau darin würde sie, so gut sie konnte, einfach drauflosschwimmen. Sie rief ihren Sohn und Tasoulas kleine Tochter dicht zu sich heran, und während die anderen das in Sirup getunkte Dessert lobten, wies Rallou sie auf den staubigen Fußboden und die verrosteten Scharniere hin, auf Maro, die heimlich eine doppelte Portion der Süßspeise verschlang, auf Mikes, der nur vorsichtig kaute, weil ihm die Hälfte der Backenzähne fehlte, auf die überdrehte Tasoula, die mit Makis und Lakis schäkerte und zwitscherte wie eine Amsel, und auf den Pfennigfuchser Arsen, der nach dem sorgfältigen Verteilen des Desserts das Papier und die Schleife der Verpackung in der Innentasche seiner Jacke verschwinden ließ. Dann rief sie den Gästen laut zu: »Viel Glück für eure Kinder und Kindeskinder!« Mit allen Fasern ihres Herzens glaubte sie an den Fortbestand der wunderbaren menschlichen Gattung, und sie lachte so sehr, dass sie sich, gütiger Gott, beinah verschluckt hätte. So heftig und hysterisch lachte sie, dass ihre Decke verrutschte und die nackten, hässlichen Beine, welk und abgemagert, den Blicken aller preisgegeben waren. Den Gästen stockte das Blut in den Adern, Ratlosigkeit breitete sich aus und waberte wie Nebel durchs Zimmer. So endete der Abend unter dem vagen, eingefrorenen Lächeln der Gäste, und nicht viel später traten alle den ungeordneten Rückzug an. Es war schon drei Uhr morgens, und Antonis Kambanis blieb noch eine Weile allein an der Haustür stehen, er hatte sein fünfzigstes Lebensjahr vollendet und keine Lust, schlafen zu gehen. Er wartete auf etwas. Auf etwas, das niemals kam.

Was am übernächsten Morgen stattdessen kam, war seine Green Card im offiziellen braunen Umschlag der Ausländer- und Zuwanderungsbehörde. Die Adresse auf dem Umschlag war durch eine plötzliche morgendliche Regenbö verwischt und verschmiert, das Papier durchweicht und leicht eingerissen. Vor lauter Aufregung bekam er Herzklopfen. Wie lange hatte er darauf schon gewartet! Einen Moment lang wünschte er im tiefsten Inneren ein Unglück herbei, doch als er den Umschlag aufriss, war die in Plastik verschweißte grünliche Karte unbeschädigt, sein Foto starrte ihm entgegen und verhöhnte ihn wegen der Haare, die ganz grau geworden waren, wegen der eingefallenen Wangen, die in seinem Gesicht Krater und Höhlen anstelle von Hügeln und Ebenen hinterlassen hatten, und wegen seines Namens, der auf dem offiziellen Dokument, unter neuem Licht und Blickwinkel besehen, seltsam und fast komisch wirkte. Die Vokale schienen sich auf Kosten der gefährlich aneinandergepressten Konsonanten nach vorne zu drängen. Er warf den Umschlag in den Müll, verbarg die Green Card in der Schublade mit den unbezahlten Rechnungen und sagte zu niemandem ein Wort. Später im Laden blaffte er Arsen an, weil er am Garn sparte und abzählte, wie viele Doppelstiche Lenio beim Ausbessern der Säume machte. Mittags aß er im »44« bei Wobroski, dem Polen, eine Portion Golabki, aber er bekam die Kohlrouladen nicht hinunter. Am Abend setzte er sich zuhause hundemüde vor den neuen, zu seinem Fünfzigsten auf Raten und verbilligt gekauften Fernseher, drehte am Knopf und wartete, bis das Zischen verstummt und das Geriesel vom Bildschirm verschwunden war. Dann stellte er den Sender NBC ein und das TV-Quiz »You Bet Your Life«. Nachdem Groucho Marx über das Kandidatenpaar gescherzt und den Co-Präsentator George Fenneman wegen seines makellosen, perfekt abgestimmten Äußeren aufgezogen hatte, kam die Frage aus dem Bereich Geografie: »Wie heißt Konstantinopel heute?« Die Familie vor dem Fernseher schüttelte den Kopf und blieb stumm, nachdem sie sechsundzwanzig Jahre lang nicht gewagt hatten, den Namen »Istanbul« auszusprechen. Aber über die große 10.000-Dollar-Jackpot-Frage »Kann man an zwei Orten gleichzeitig sein?« diskutierten sie länger. Rallou beteiligte sich nur kurz und Basil nur oberflächlich, weil er sich für Quizsendungen nicht interessierte, aber Antonis Kambanis zerbrach sich den Kopf nach einer Antwort. Alle gemeinsam kamen zu dem Schluss, dass es nicht gehe, dass es offenkundig menschenunmöglich sei, aber Groucho wackelte mit dem Kopf und mit dem Finger und sagte, sie hätten besser nachdenken sollen: »Natürlich ist es möglich!« Man könne dort, wo eine Grenze verläuft, gleichzeitig an zwei Orten sein, wenn der eine Fuß im Bundesstaat Arkansas und der andere in Oklahoma stand, der eine in den USA und der andere in Kanada. Daher auch der Ausdruck »mit einem Fuß im Grab stehen«, scherzte Groucho und erinnerte mit einem spöttischen Augenzwinkern daran, was sie ohne Ausnahme alle in der Zukunft erwartete.

Am 6. September 1949 stand Antonis Kambanis früh auf und kochte Kaffee, er hatte Kreuzschmerzen und konnte nicht schlafen. Er blickte auf seine Uhr, es war halb neun, er ließ Rallou weiterschlafen, blätterte den Ordner mit den stornierten Bestellungen durch und notierte am Rand in großer Schrift seinen Termin mittags bei der Bank. Er wollte die Filialen schließen, sechs Monate schon bemühte er sich um einen Käufer, aber der Preis, den er verlangte, war hoch. Niemand wollte in eine Änderungsschneiderei investieren. Die Zeiten hatten sich geändert, und wieder einmal musste er den Kopf dafür hinhalten. Bald war er pleite und sein Bankkonto leergefegt, er konnte den turmhohen Schuldenberg nicht mehr abtragen. Die Einnahmen deckten mit Müh und Not die Betriebskosten, und das Finanzamt nahm ihn in die Mangel. Die ganze Welt hatte sich gegen ihn verschworen. Die Leute warfen gebrauchte Sachen einfach weg! Mechanisch und gedankenverloren ging er zum Laden, und dabei hörte er gegen halb zehn etwas, das wie ein Schuss klang. Aber bestimmt war es keiner, er selbst hielt es für eine ferne Kapriole irgendeines lärmenden Mopeds, das jemand vergeblich anzuwerfen versuchte, vielleicht war es auch ein löchriger Auspuff. Dann knallte es noch ein zweites und ein drittes Mal, anscheinend näher, es klang aber nicht wirklich nach Pistolenschüssen. Er dachte sich nichts weiter dabei und ging an dem geparkten Lastwagen vorbei, dessen Tür sperrangelweit offenstand und den Blick auf ein Dutzend umgekippter Milchflaschen freigab. Erst an der Straßenecke begriff er, was los war. Auf dem Bürgersteig lagen zwei Tote in einer Blutlache. Ein Mann in einem weißen Smoking mit schwarzer Fliege zielte von der Fahrbahn aus mittlerer Distanz auf ihn, und eine vierte Kugel pfiff haarscharf in ihm vorbei. Als er sich zur Flucht wandte, wurde ihm schwarz vor Augen. Der Boden schwand ihm unter den Füßen, und er fiel vornüber. Mit letzter Kraft öffnete er den Mund und rang nach dem treffenden Wort, nur fiel ihm nicht ein, wie alles begonnen hatte, um es noch einmal zu versuchen.

XIX

Frühlingswind befreit
den Vollmond, der sich verhakt
in nackten Zweigen

Nick Virgilio

Antonis Kambanis beißt gierig in ein Tortenstück, das überzogen ist mit weißer Schokolade und Zuckerguss, sein Mund ist verschmiert und sein gestreifter Pyjama ebenso. Heute schimpft die Pflegerin aber nicht mit ihm, denn er hat Geburtstag, und nur an Geburtstagen, zu Thanksgiving und zu Weihnachten ist das Personal des Altenheims »Hoffnung« bereit, beide Augen zuzudrücken, und sieht über Verstöße gegen die Hausordnung hinweg. Die Pflegerin mit dem Namensschild »Gladys« am Kragen, die ein paar Jahre zu viel auf dem Buckel und ein paar Kilo zu viel auf den Hüften hat, hat sogar ein kleines Radio mitgebracht, aus dem Salsa und Merengue klingt. Obwohl sie kein Wort Spanisch kann, singt sie die Liebesschnulzen leise mit. »Wie alt wirst du heute, Schätzchen?«, fragt sie. Ohne den Blick zu heben durchbohrt Antonis Kambanis mit der Gabel die weiche Schokoladenschicht. Die Nahrungsaufnahme ist eine Herausforderung, wenn Hände und Lippen zittern, es ist ein ständiger Kampf gegen den eigenen Körper. Sein Mitbewohner Vince ist vor einer Woche gestorben und sieht jetzt die Radieschen von unten, sein Bett ist leer und mit einem frischen, blitzsauberen Leintuch bezogen. Drei Tage lang wanderte Antonis Kambanis' Blick durchs Zimmer und jedes Mal, wenn er aufs Nachbarbett fiel, war ihm unbegreiflich, was da fehlte, bis er sich an die Leere gewöhnte, und am vierten Tag war für ihn alles so wie immer. Gladys nimmt ihm den leeren Teller aus der Hand und streift ihm den Pantoffel aus billigem Kunstleder über, der vom rechten Fuß gerutscht ist. Seine gelben, krummen Fußnägel ähneln den Krallen eines Tieres, das Tage und Nächte über herabgefallenes Laub und feuchte Erde gewandert ist, um Nahrung und Unterschlupf zu finden. Sein erstaunter Blick ist auf den Teller gerichtet, der ihm längst aus den Händen genommen wurde. Sie würden in dieser Haltung bleiben, falls Gladys ihnen keine andere Aufgabe findet, um sie ruhigzustellen. Da ihr nichts anderes einfällt, überlässt sie ihm kurz ihre Hände zum Festhalten. Die Zeit ist wie das Gemälde einer trüben Landschaft, dessen Farbschichten nie zu Ende aufgetragen werden. Antonis Kambanis versucht sich zu erinnern, was zwei Paar Hände miteinander zu tun haben könnten, und Gladys denkt an seine erste Zeit als Heimbewohner zurück, damals, Ende der 60er, Anfang der 70er, da war er jünger und fast noch gesund, drei Jahre zuvor hatte er seine Frau durch einen Herzanfall verloren, und bei ihm zeigten sich gerade die ersten Anzeichen von Parkinson.

Antonis Kambanis war es schließlich gelungen, das Geschäft in Parkside an einen armseligen Mexikaner zu verkaufen, den Rest fraßen ihm das Finanzamt, die Schulden und die Zinsen weg. Sein Freund Mikes riet ihm, den Erlös in ein Haus am Stadtrand zu investieren und schnellstens umzuziehen. Es könne nicht mehr lange dauern und ihr altes Wohnviertel werde von Gesindel überschwemmt, von Schwarzen, Braunen und Gelben, die ohne ausreichende Sprachkenntnisse Jobs und Chancengleichheit forderten, die Stadt Camden befinde sich auf dem absteigenden Ast, und die wohlhabenden Weißen zögen in Scharen fort. Mikes, alarmiert von der steigenden Zahl der Schwarzen, drehte im »Niagara« die Zapfhähne zu und ließ sich in Cherry Hill nieder. Antonis Kambanis dachte daran, sein Erspartes genauso anzulegen und im Umland ein Haus mit Garten zu kaufen, aber Basils Ankündigung, er wolle heiraten und in absehbarer Zeit ausziehen, zog ihm den Boden unter den Füßen weg. Was sollten zwei alte Leute in einem großen Haus, das ungünstig weit draußen lag? Wie sollten sie dort allein die ihnen verbleibenden Stunden, Tage und Jahre verbringen? Sein Sohn hatte sich eine baldige Heirat in den Kopf gesetzt und – gesagt, getan! – bekam er gleich eine ganze Familie mit dazu. Er zog ins Nachbarviertel und richtete, eine halbe Stunde Fußweg von seinem Elternhaus entfernt, sein Leben mit Leto und Susan ein. Mit seiner Mutter Rallou ging es langsam bergab, ihr Plätzchen im Jenseits war schon gebucht, und ein paar Monate später machte sie sich ganz friedlich im Schlaf auf die letzte Reise. Gegen Mittag war sie neben dem laufenden Fernseher im Rollstuhl eingeschlafen, und Basil fand sie drei Stunden später reglos und stumm am selben Platz vor. Diese kleine Frau mit dem weißen Haar und den grauen Härchen an Kinn und Oberlippe, diese Frau, deren starrer, milder Blick erst jetzt, nach ihrem Tod, Freude und Güte ausstrahlte, war für ihn eine Fremde. Sie ähnelte seiner Mutter nur, sie war es aber nicht.

Nach Rallous Tod glaubte Antonis Kambanis, jetzt sei er auch bald an der Reihe, und bat seinen Sohn Basil, ihn zu sich zu nehmen, weil er nicht einsam und allein sterben wollte. Im Gegenzug wollte er ihm all seinen Besitz, seine Ersparnisse von ein paar tausend Dollar und seine monatliche Rente überlassen. Basil beriet sich mit Susan, und sie willigten ein, ihn bei sich aufzunehmen, und suchten nach einem Haus und auch nach einem Geschäftslokal. Die Preise in Camden waren damals günstig und der einzige Punkt, der sie zögern ließ, war die Zahl der Quadratmeter und ob es drei Zimmer und zwei Bäder sein sollten. Schließlich erstanden sie das Haus mit Garten und Garage in Dudley, der Großvater zog ins Erdgeschoss und Leto ins Kinderzimmer mit den Rehen und Löwen, die Susan an die Wände gemalt hatte. Sie nahmen einen Geschäftskredit auf und den Plan in Angriff, ein Diner zu eröffnen. Das alte »44« wurde zu »Ariadne«, und Susan, inspiriert von den blassen Mickiewicz-Malereien an der Wand, wollte die neue Neon-Aufschrift durch ein rundes »68« ergänzen, dem »44« zu Ehren, wie sie behauptete, aber es gab nicht genug Platz dafür. Drei Nächte schlug sie sich um die Ohren um eine Lösung zu finden, sie wollte die ikonische Zahl um jeden Preis in ihr Leben integrieren. So sehr Basil sie auch zu überzeugen versuchte, dass 1968 ein schlechtes und widriges Jahr war, Susan gab nicht nach, sie wollte unbedingt etwas aus ihrer Vergangenheit hinüberretten. 1968 hätte die Welt sich beinahe verändert, einen Augenblick lang, in den Armen von Scott und unter dem Einfluss vom Meskalin des Peyote-Kaktus hatte sie wirklich daran geglaubt, dass nicht mehr viel fehlte, und die Welt würde ein klein bisschen besser. Im Übrigen verlief ihr Leben glatt und nach Plan, bis Antonis Kambanis eines Tages, Anfang der 70er, auf der Treppe stolperte und sich Arm und Oberschenkel brach, und nicht nur er, sondern auch Basil und Susan verloren das Gleichgewicht und die Orientierung.

Wie jedes Mal in den darauffolgenden zwölf Jahren zählt Basil, wenn er die Treppe zum ersten Stock des Altenheims »Hoffnung« hinaufgeht, vierundvierzig Stufen, nicht mehr und nicht weniger, genau vierundvierzig. Immer vergräbt er die Hände in den Hosentaschen, weil er jedes Mal dieselbe Verlegenheit fühlt wegen der Monate, die ohne Besuch vergangen sind, wegen des Hauses, das er vom Geld seines Vaters gekauft, und wegen der Versprechen, die er gebrochen hat, wegen der Lügen, die er sich selbst erzählt hat, und wegen der Pflegerin, die jedes Mal, als wüsste sie es nicht, von Antonis Kambanis wissen will, wer gekommen sei, wer der Mann sei, der vor der Tür steht, an wen er ihn erinnere und wie er zu ihm stehe. Antonis Kambanis schaut, ohne etwas zu sehen, sein Blick ist seit Jahren leer, seine Hände zittern und seine Lippen sind nur noch eine dünne Linie, krumm und schief von all den Gedanken, die nicht zu Ende gedacht, und von all den Worten, die halb ungesagt geblieben sind. Basil Kambanis will den Mund aufmachen, um »Papa« zu sagen und vielleicht auch »Alles Gute«, aber es hat keinen Sinn, alle stehen nur stumm da, unbeholfen verteilt in Raum und Zeit. Draußen schneit es, bald wird alles von Schnee bedeckt sein, die Straßen und die Gewissensbisse, die Leidenschaften und die Irrtümer. Es zieht, und Gladys will das Fenster zumachen, aber es schließt nicht, es geht einfach nicht zu, die Scharniere sind alt, die Schrauben locker und das Holz verzogen. Draußen schneit es, und jetzt schneit es auch drinnen, und heftig noch dazu, und wie sehr sich Gladys auch bemüht, bald werden sie alle von Schnee bedeckt sein.

XX

Snowflake-Bentley-Museum, Jericho, Vermont

»...Unter dem Mikroskop habe ich erkannt, dass Schneeflocken wahre Wunder an Schönheit sind und dass es schade wäre, wenn andere diese Schönheit nicht sehen könnten. Jeder Eiskristall hat einen meisterhaften Bauplan, dessen Struktur sich niemals wiederholt. Schmilzt die Schneeflocke, geht dieser Bauplan für immer verloren. So viel Schönheit verschwindet, ohne die geringste Spur zu hinterlassen. Der Wunsch, den Menschen diese wunderbare Anmut zu zeigen, wurde immer stärker, und auch der Ehrgeiz, sie irgendwie zu bewahren...«[*]

---

[*] Wilson Bentley, bekannt als »Snowflake«-Bentley, war ein einfacher Landwirt aus Jericho, Vermont. Mit fünfzehn begann er, Eiskristalle zu beobachten und fünf Jahre später, 1885, gelang es ihm schließlich zum ersten Mal, sie zu fotografieren. Das Zitat stammt aus dem *Snowflake-Bentley-Museum* in der Kreisstadt Jericho, Vermont.

Danksagung

Ich möchte mich bei Pater Emmanouil Pratsinakis und der griechisch-orthodoxen Kirchengemeinde zum heiligen Thomas in Cherry Hill, New Jersey, für das freundliche Entgegenkommen und die Bereitstellung von historischem Material zu den griechischen Bewohnern von Camden bedanken.

Mein besonderer Dank gilt Katerina Schina für ihren Rat, Krystalli für ihre Unterstützung und Penny und meiner Schwester für ihren Beistand und die Gespräche bis weit nach Mitternacht.

Veröffentlichungen im Parrhesia Verlag

Romane

Konstantine Gamsachurdia:
Das Lächeln des Dionysos

ISBN: 978-3-98731-001-0
Roman, S., Dezember 2023

Gil Kofman:
aKa

ISBN: 978-3-98731-000-3
Roman, S., März 2023

edition schatten

Ludwig Binswanger:
Traum und Existenz.
Mit einem Vorwort von Michel Foucault.

ISBN: 978-3-98731-501-5
März 2023.

Adolf Loos:
Ins Leere gesprochen und andere ausgewählte Schriften.
Mit einem Vorwort von Christoph Paret.

ISBN: 978-3-98731-500-8
März 2023.

Max Stirner:
Kleine Schriften.
Mit einem Vorwort von Wolfgang Eßbach.

ISBN: 978-3-98731-502-2
Oktober 2023.

György Bretter:
Parabeln. Essays über Bewusstsein, Tat und Vollendung.
Mit einem Vorwort von Franz Sz. Horváth.

ISBN: 978-3-98731-503-9
März 2024.

José Ortega y Gasset:
Die Entmenschlichung der Kunst.
Mit einem Vorwort von Astrid Wagner.

ISBN: 978-3-98731-504-6
Oktober 2024.